世赛成果转化系列教材

电气装置技术与应用

主　编　雷云涛　蒋作栋
副主编　于　斌　杨　帆　张立勇
参　编　王　州　何钻敏　方　峥　徐永宾　李建军　季　强
　　　　皇甫振伟　方红彬　韦文忠　张秋怀　朱胜昔　李卫国
　　　　李明睿　姜广政　陈贤通　秦　超　阎国强　冯　骥
　　　　秦　海　张方平　柳振宇　刁秀珍　王　岩　王　玮
　　　　李文杰　王希友　姜　辉
主　审　王大江

U0361554

机械工业出版社

本书是针对世界技能大赛电气装置项目编写的，主要内容包括：电气装置应用系统与基本技能、故障检测技术、新电气技术行业典型应用和电气装置综合测试。

本书既可作为世界技能大赛电气装置项目竞赛选手的备赛用书，也可作为职业院校建筑电气、工业自动化、电气自动化、机电一体化等专业的实训用书。

图书在版编目（CIP）数据

电气装置技术与应用/雷云涛，蒋作栋主编. —北京：机械工业出版社，2020.6（2022.1重印）

世赛成果转化系列教材

ISBN 978-7-111-65363-9

Ⅰ.①电…　Ⅱ.①雷…②蒋…　Ⅲ.①电气设备-职业教育-教材　Ⅳ.①TM

中国版本图书馆 CIP 数据核字（2020）第 062511 号

机械工业出版社（北京市百万庄大街22号　邮政编码100037）
策划编辑：陈玉芝　王振国　责任编辑：王振国　陈玉芝
责任校对：张　薇　封面设计：陈　沛
责任印制：常天培
固安县铭成印刷有限公司印刷
2022 年 1 月第 1 版第 2 次印刷
184mm×260mm·10.75 印张·264 千字
1001—2000 册
标准书号：ISBN 978-7-111-65363-9
定价：39.80 元

电话服务　　　　　　　　　　网络服务
客服电话：010-88361066　　机　工　官　网：www.cmpbook.com
　　　　　010-88379833　　机　工　官　博：weibo.com/cmp1952
　　　　　010-68326294　　金　书　网：www.golden-book.com
封底无防伪标均为盗版　机工教育服务网：www.cmpedu.com

前　言

　　"衣、食、住、行"是广大人民群众生活的基本要求，在解决了温饱之后，对住的追求是人民享受美好生活的必然需要，住的条件是国际民生的重要指标，也是人民生活幸福的重要指数之一。目前，我国进行的大规模的基础建设就包括人民对居住条件的改善，随着高层建筑的全面普及，智能小区、智能物业、智能家居等成为智慧城市建设不可缺少的部分，绿色家园是人民对美好居住环境和幸福生活的向往。国际上为具有各种控制功能的建筑物冠以新的概念"智能建筑"，对智能建筑中各种控制硬件的预设、安装、调试统称为"电气装置"，包含了民用、商用和企业用各类电气装置的安装与调试，并对"电气装置"建立了严格的规范和标准，对建筑电气的施工有着非常严格的要求。

　　电气装置作为世界技能大赛（WSC）的比赛项目，受到世界各国的普遍欢迎和重视，每届比赛都有40余个国家参加，是世界技能大赛各参赛项目中参赛国最多的项目之一。世界技能大赛电气装置项目的比赛内容包括了民用、商用和企业中各种控制电器的安装，各种管、槽线路和桥架、电源箱、配电箱的加工与安装；电路设计；智能建筑控制程序的编写；电路故障查找；线路检测，调试运行等内容，中国选手参加了第42~45届世界技能大赛电气装置项目的比赛，获得一枚金牌、两枚银牌与一项优胜奖的优异成绩。本书正是基于此将世界技能大赛的技术技能进行推广和分享。

　　本书以世界技能大赛的理念和要求搭建整体框架，对世赛电气装置项目进行了剖解，从制作流程、加工工艺、安装规范、测量标准等方面进行了较全面的梳理、归纳和分析，从专家、教练、选手的角度多方位、多视角地对电气装置的工作内容进行了解读并融入了各自的体验和参赛感受。书中以工作任务的形式对实际案例进行讲解与分析，使教学更加体现实战性，使学习者能准确地掌握该项目的技术技能，快速达到实际工作的要求，提高作品的质量和精准度。

　　本书由雷云涛、蒋作栋任主编，于斌、杨帆、张立勇任副主编，参加编写的人员还有：王州、何钻敏、方峥、徐永宾、李建军、季强、皇甫振伟、方红彬、韦文忠、张秋怀、朱胜昔、李卫国、李明睿、姜广政、陈贤通、秦超、阎国强、冯骥、秦海、张方平、柳振宇、刁秀珍、王岩、王玮、李文杰、王希友、姜辉。其中雷云涛、张立勇负责全书的统稿工作；王大江负责审稿工作。在图书编写过程中得到了山东栋梁科技设备有限公司、上海市公用事业学校、山东淄博技师学院、山东劳动职业技术学院等单位的大力支持，在此表示真诚的感谢！

　　由于时间仓促，书中难免存在错误和不足之处，恳请专家及广大读者批评指正，提出宝贵意见和建议，以便对本书进行修订和完善。

编　者

目　　录

课题一
电气装置应用系统与基本技能

本课题包含两个模块：模块一为电气装置应用系统，包括初识电气装置应用平台、初识故障考核系统和初识楼宇智能控制系统；模块二为电气装置基本技能，包括11个典型技能训练，主要有管、槽、缆、线路等的切割、弯角、定点、安装等技能训练，以及不同知识点的应用和相应的行业标准、工艺规范。

模块一　电气装置应用系统

任务一　初识电气装置应用平台

> 任务目标

1. 掌握电气装置应用平台各模块的组成。
2. 掌握电气装置应用平台本体结构的特点。
3. 掌握电气装置应用平台本体的搭建方法。

> 任务导入

现有一套电气装置的平面展开图、模型立体图、装配工艺图及一些零散的零部件和相关模块，尝试搭建一个电气装置应用平台。

> 知识链接

一、初识 DLDS-1214F 电气装置应用平台

DLDS-1214F 电气装置应用平台由山东栋梁科技设备有限公司自主研发，2016 年经国家指定的专家检验检测后，被人力资源和社会保障部指定为国家级一类大赛专用设备。它由平台本体、电源配电箱、电气控制箱、室内配电盒、电动机、故障检测模块、KNX 楼宇智能控制系统、移动工作台及计算机桌椅等组成。

二、DLDS-1214F 电气装置应用平台的主要技术参数

1）工作电源：AC 380V/220V、50Hz。
2）工作环境：环境温度范围为 -5~40℃；相对湿度≤85%（25℃）；海拔<4000m。
3）总电源控制：具有漏电保护功能，当漏电电流达 30mA 时，保护系统动作。

4）外形尺寸：呈梯形结构，外层由网孔板搭建，内层由四种面板组合，即

① 外形尺寸（长×宽×高）= 2533mm×1302mm×2498mm。

② 左手面板（A）= 1200mm×2400mm。

③ 右手面板（B）= 1200mm×2400mm。

④ 主面板（C）= 1800mm×2400mm。

⑤ "梯"形天花板（D）。

5）为保证操作区域的最大化，以及与世界技能大赛环境相一致，要求设备外形为梯形结构，主操作面由 5 块网孔板拼接而成，支撑稳定，不易变形。网孔板 Ⅰ：1000mm×952.5mm，厚度为2mm，2 块。网孔板 Ⅱ：1000mm×792.5mm，厚度为2mm，2 块。网孔板 Ⅲ：1745mm×378mm，厚度为2mm，1 块。

6）最大功率消耗≤2.0kW。

三、平台的组成及功能描述

1. 平台本体

（1）结构组成　平台本体主要由房间式框架、网孔板、木板、工作电源和楣板等组成，如图1-1所示。

图 1-1　DLDS-1214F 电气装置的组成

1—房间式框架　2—网孔板（在木板的下层）　3—木板　4—工作电源　5—楣板

（2）功能作用　主要用于各类大专院校、职业技能鉴定等设计典型工作任务，通过电气系统的布局安装、接线、程序设计、调试、运行、故障维修等操作，使学生掌握电气设备安装、调试运行、维修维护等综合能力。

【注意事项】平台本体搭建完成后，用水平仪对其进行水平调整，以保证各个面在同一平面内。

2. 作业任务套件

（1）结构组成　包括工作台、工具箱、器件存放柜、铝合金人字梯、电源配电箱、照明配电箱、电气控制箱、继电控制元件、桥架、线槽、线管、接线盒、按钮、限位开关、灯具和执行对象（如电动机、装配工作台及计算机桌椅）等。

（2）功能作用　用于完成各相关安装任务。

【注意事项】任务作业之前，认真清点各部件，以防有遗漏之处，给后续任务带来

不便。

3. 故障检测模块

（1）结构组成 包括工业配电箱、移动式工作架、转接盒、电源插座、按钮、指示灯、报警装置、移动探测器、断路器、接触器、热继电器、中间继电器、白炽灯、光电开关、单控与双控开关、行程开关和白炽灯座等，如图1-2所示。

（2）功能作用 主要用于电气装置电路中故障的排查与维修方法，考查学生解决电路故障的能力。

【注意事项】操作时要注意安全，以免伤害自己和他人，且要求使用正确的操作方法。

4. KNX楼宇智能控制系统

（1）结构组成 包括智能开关控制器、调光控制器、窗帘控制器、六按键经典系列面板、总线电源模块、IP网关、移动传感器、光线传感器、逻辑定时控制器、螺口灯座、电动窗帘、排风扇、明盒、灯泡、移动式架体、断路器和电源插座等，如图1-3所示。

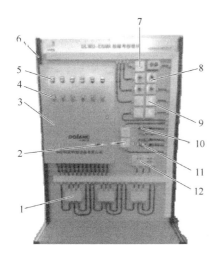 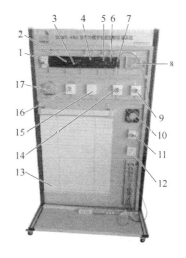

图1-2 DLDS-1214F 故障检测模块

1—转接盒 2—电源插座 3—工业配电箱
4—按钮 5—指示灯 6—移动式工作架
7—报警装置 8—白炽灯及座
9—单控与双控开关 10—光电开关
11—行程开关 12—转接盒

图1-3 KNX楼宇智能控制系统

1—断路器 2—总线电源模块 3—逻辑定时控制器
4—调光控制器 5—窗帘控制器 6—智能开关控制器
7—IP网关 8—开关电源 9、11、14—螺口
灯座及灯泡 10—排风扇 12—电源插座
13—电动窗帘 15—六按键经典系列面板
16—光线传感器 17—移动传感器

（2）功能作用 对区域内各类照明、空调、窗帘等电气设备进行自动化和集中控制管理，实现能源监测，不仅可有效管理楼宇中的电气设备，而且能够提供灵活多变的使用功能和效果。

【注意事项】通电之前，先检查电路，确保电路正确后再逐级送电。

> **任务准备**

一、平台本体装配材料的准备

手持任务单，索取装配领料单，配合两三名人员，并借用小推车，然后去仓库和半成品库领取平台全部配件。平台本体部分配件清单见表 1-1。

表 1-1　平台本体部分配件清单

序　号	名　称	型号规格	数　量	单　位
1	后板		1	块
2	侧板		2	块
3	连接角件	Q235A	8	个
4	木板 1	细木工板（大芯板）	3	块
5	木板 2	细木工板（大芯板）	1	块
6	顶木板	细木工板（大芯板）	1	块
7	托板 1	Q235A	2	块
8	托板 2	Q235A	3	块
9	顶板	Q235A	1	块
10	左门框	1.8mm 冷轧板	1	件
11	楣板	Q235A	1	件
12	右门框	1.8mm 冷轧板	1	件
13	电气面板	1.5mm 冷轧板	1	套
14	柜门		1	套
15	镀铬地脚	M12×100	4	个
16	板支脚（右）		2	件
17	板支脚（左）		2	件

二、装配工具的准备

平台安装用工具清单，见表 1-2。

表 1-2　平台安装工具清单

序号	名　称	型号规格	数量	单位	外　形
1	电工钳	200mm	1	只	
2	手电钻	12V 充电式 （配 2 块电池和充电器）	1	套	

（续）

序号	名 称	型号规格	数量	单位	外 形
3	内六角扳手	9件套	1	套	
4	钢卷尺	3m	1	把	
5	钢直尺	300mm	1	把	
6	直角尺	200mm	1	把	
7	活扳手	小号	1	把	
8	铝合金人字梯	1.5m	1	架	
9	木柄羊角锤	20in（1in≈2.54cm）	1	把	

三、图样识读与搭建规范

【专家提醒】 "工欲善其事，必先利其器"，安装之前仔细研究各类装配图样并核对所有配件，做到万无一失；弄懂任务中的要求，看清结构再下手也不迟。

1. 平面展开图

网孔板平面，展开图如图1-4所示。

2. 总装图

平台总装图如图1-5所示。

安装步骤：

① 先组装侧板。型材组框，然后将相应网孔板安装在内并组装两套侧板。

② 组装后板。型材组框，然后将相应网孔板安装在内。

③ 组装完侧板和后板后，用L形角铁将侧板和后板加以连接和固定。

④ 将顶板安装在上面。

⑤ 同步安装门板、安装木板、安装电源箱（电器板）。

3. 平台搭建规范

（1）熟悉并核对电气安装与维修文件说明及图样资料　了解电气安装工程（如电气线路的敷设位置、电气设备的布置，预留孔洞等是否合理，各种管道设备与电气敷设是否有交叉、与规范是否有矛盾等问题），确定施工方案。

（2）熟悉施工图　作业人员必须熟悉电气安装施工作业图样，施工图是设计人员对工

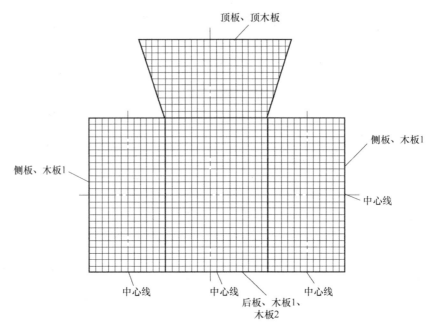

图 1-4　网孔板平面展开图

注：网格尺寸＝100mm。

程施工的书面语言表达，为顺利圆满完成施工任务，必须要看懂施工图，认识图中各种符号的含义，理解设计人员的设计意图。由于电气工程一般是伴随建筑工程进行的，所以有必要了解一些常用的建筑知识及其表示的图例。进行施工图识图时，必须参阅订货图（如设备表、配电系统图及二次接线图）了解系统组成，并校核管线表，参阅设备施工平面布置图和必要的施工规范及设计附图、施工说明等，初步建立施工现场立体模型。

（3）阅读施工图说明　施工图说明主要介绍电气工程设计与施工的特点，用来补充图样的设计依据、技术指标、线路敷设和设备安装及加工的技术要求等。现场

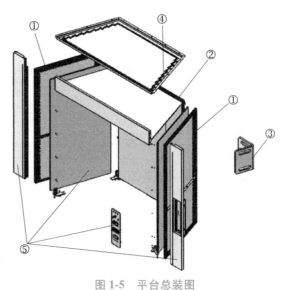

图 1-5　平台总装图

作业人员熟悉施工说明中的内容以后，才有助于进一步理解施工图。

▶ 任务实施

【专家提醒】进入车间或危险区域，穿戴绝缘鞋、绝缘手套、防护衣和安全帽，在保证人身安全的前提下进行作业操作。

第一步：团队合作，3~5 人共同完成，选定项目负责人，然后做好每个人的分工。

第二步：将半成品和连接螺钉摆放整齐。

第三步：按照安装步骤进行有序的装配，装配时要考虑到可靠性和牢固性。

【专家提醒】平台搭建的好与坏，直接影响下一个单元的工作任务，所以每个环节都不容忽视，认真是做事的良好态度。

第四步：现场管理。按照车间相应管理要求，对装配完成的对象进行清洁，以及对工作过程中产生的二次废料进行整理、工具入箱、垃圾清扫等。

【专家提醒】良好的工作习惯是职业操守的具体表现。

➤任务测评（表 1-3）

表 1-3　任务评分表

序号	评分内容	评分标准	配分	得分
1	地脚固定与水平	地脚不平、松动、不在同一水平面，每处扣 0.2 分	2 分	
2	型材与型材之间的角度	间隙大于 5mm、拐角松动、倾斜、螺钉未安装到位，每处扣 0.2 分，少装一处拐角扣 0.5 分	3 分	

➤知识拓展

此电气装置平台可用于维修电工、工厂供配电、建筑电气、照明电路安装、电动机与变压器、低压电器、电动机控制、室内智能家居等的安装训练。

任务二　初识故障考核系统

➤任务目标

1. 掌握电气故障的主要类型。
2. 掌握电气故障的排除方法。

➤任务导入

某校新进一批电气故障考核系统，移动到指定的区域后给系统通电，按照要求设置 10 个故障点，需要在 1h 之内排除故障。学生根据给定的原理图，结合所学的电气技术和测量仪器仪表，完成断路、短路和漏电等故障检修，使设备恢复出厂时的运行状态。

➤知识链接

一、故障考核模块介绍

如图 1-6 所示，电气故障考核系统由照明控制、供电电路和电动机控制等组成，通过不同电压的组合完成故障的排除功能；设备的电压等级包含两部分，一部分为高压 AC 220V 交流电，另一部分为低压 DC 24V 直流电。在设备检测故障时，控制电路部分可接入 24V 供电后检查，主电路部分在无须接通电源条件下检查。

电气装置一般存在以下故障现象：1个高接地电阻故障、1个低绝缘电阻故障、1个极性错误故障、1个参数设置故障。其他故障类型包括定时器设置不正确、过载设置不正确、短路故障、开路故障、连接处高电阻、相互连接（线路交叉）、极性错误、外观不整等。故障测试模块根据设置的故障点来检测故障的类型与故障点所在的区域。

图1-6　故障考核模块

二、电气故障考核系统的主要技术参数

1）输入电源：单相三线 AC 220V×（1±10%）、50Hz。

2）工作环境：温度－10～40℃；相对湿度＜85%（25℃）；海拔＜4000m。

3）电源控制：断路器通断电源，有过电流保护、漏电保护装置等。

4）直流电源：直流稳压电源 24V/3A，具有限流型短路软保护和自恢复功能。

5）外形尺寸：1100mm×800mm×1820mm。

三、电气原理图

设备的布线是根据图1-8～图1-11的控制要求来完成的。为了故障设置简单方便，该模块采用快恢复卡扣式接线端子（见图1-7）将要设置的故障点从此接线端子的两端接入，当设置断路故障、交叉故障等故障时，可以直接从快速接线端子上短接或断开，这样既方便又不妨碍设备的重复使用。

设备的电动机控制线通过 K4 保护端子引出，这样既方便电动机的接线，操作又简便安全，没有线头漏电的危险，也没有像操作 U 形叉接线端子那样费力，还可以实现多次插拔使用。

四、相关知识点

常用的低压电器如断路器、热过载继电器、中间继电器、延时继电器、各主令开关，以及卷帘电动机和风扇电动机，这里不再重复，下面重点介绍行程开关、光电开关、移动探测器。

1. 行程开关

（1）定义　行程开关（又称为位置开关、限位开关）是一种常用的小电流主令电器。它利用机械

图1-7　快恢复卡扣式接线端子

运动部件的碰撞使其触头动作来实现接通或分断控制电路，达到一定的控制目的。通常，这类开关被用来限制机械运动的位置或行程，使运动机械按一定位置或行程自动停止、反向运动、变速运动或自动往返运动等。

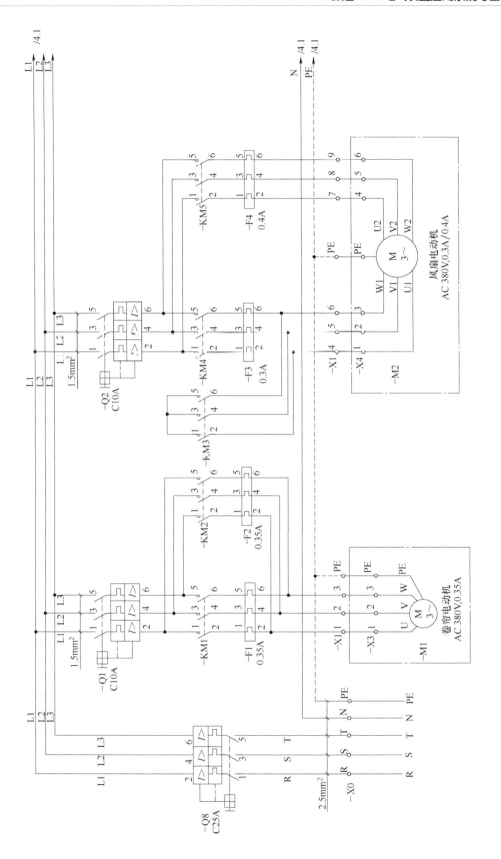

图 1-8　电源电路

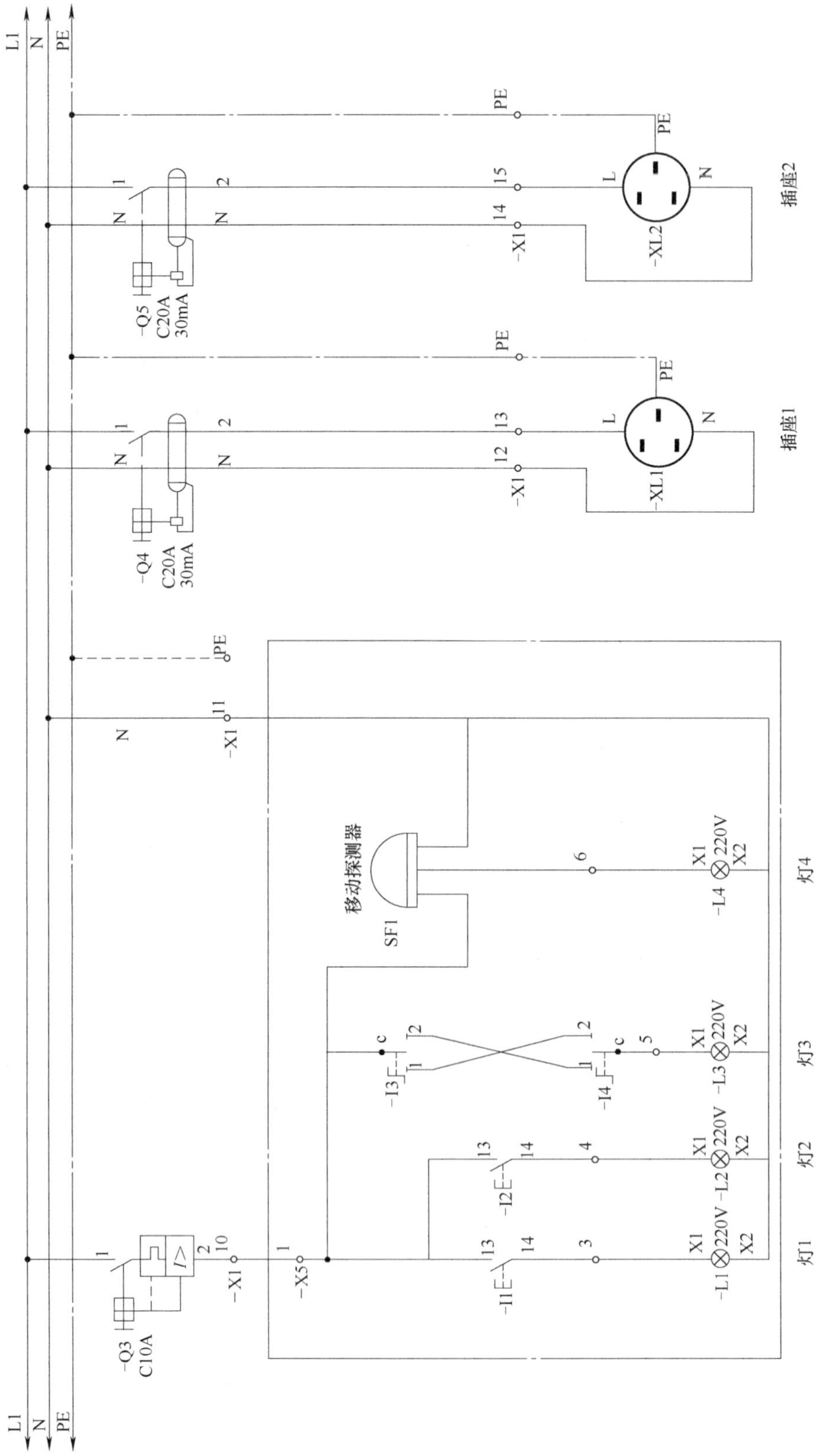

图 1-9　照明电路

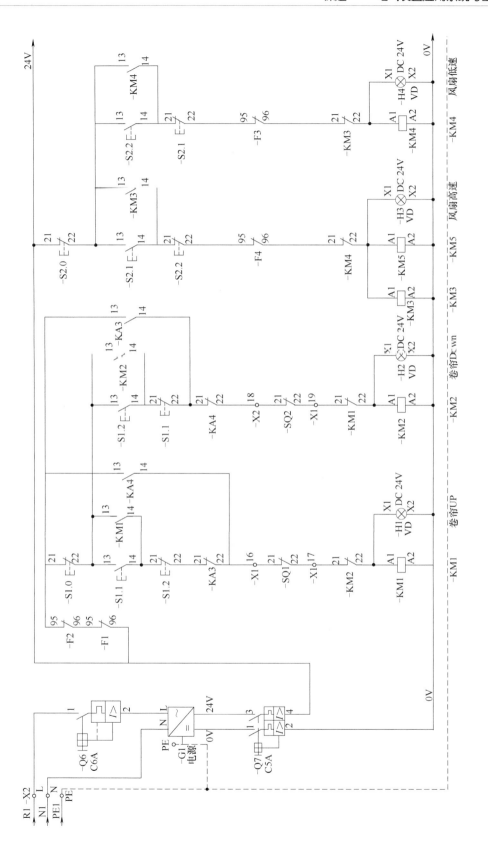

图 1-10　控制电路（一）

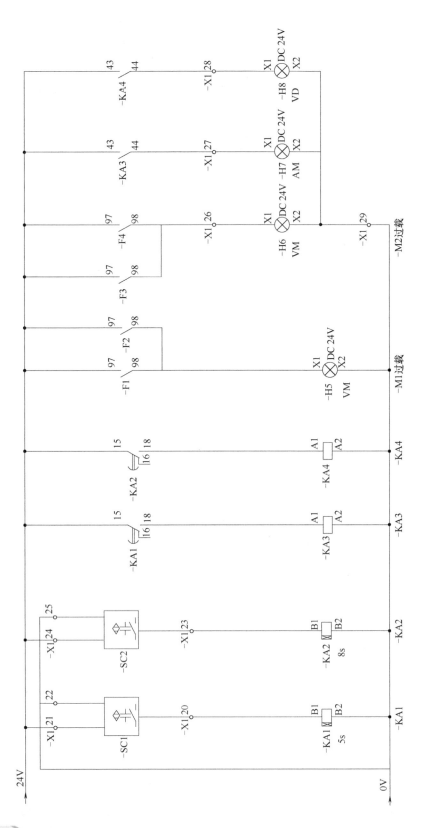

图 1-11 控制电路（二）

在电气控制系统中，行程开关的作用是实现顺序控制、定位控制和位置状态的检测，用于控制机械设备的行程及限位保护。其主要由操作头、触点系统和外壳等组成。

在实际生产中，将行程开关安装在预先安排的位置，当装于生产机械运动部件上的模块撞击行程开关时，行程开关的触点动作，实现电路的切换。因此，行程开关是一种根据运动部件的行程位置切换电路的电器，它的作用原理与按钮类似。

（2）行程开关的外形与电气符号　行程开关的外形与电气符号如图1-12所示。

（3）用途　行程开关主要用于将机械位移转变成电信号，使电动机的运行状态得以改变，从而控制机械动作或用于程序控制。

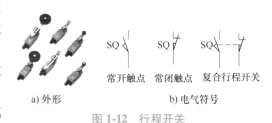

图1-12　行程开关

行程开关主要应用在工业方面，与其他设备配合，组成更为复杂的自动化设备。例如，机床上有很多行程开关，用来控制工件运动或自动进刀的行程，避免发生碰撞事故。有时利用行程开关使被控物体在规定的两个位置之间自动换向，从而得到不断的往复运动。再如，自动运料的小车到达终点碰撞行程开关，接通了翻车机构，就把车里的物料翻倒出来，并且退回到起点。小车到达起点之后又碰撞起点的行程开关，把装料机构的电路接通，开始自动装车。

2. 光电开关

光电开关是光电接近开关的简称，它是利用被检测物对光束的遮挡或反射，由同步回路选通电路，从而检测物体的有无。物体不限于金属，所有能反射光线的物体均可以被检测，而且对被测对象无任何影响。光电开关通常在环境条件比较好、无粉尘污染的场合使用。

生产线上广泛采用一种细小光束、放大器内置型漫射式光电开关。它是利用光照射到被测工件上后反射回来的光线工作的，由于工件反射的光线为漫反射光，故称为漫射式光电开关。漫射式光电开关由光源（发射光）和光敏元件（接收光）两部分构成，光发射器与光接收器同处于一侧。工作时，光发射器始终发射检测光，若光电开关前方一定距离内没有出现物体，则没有光被反射到接收器，光电开关处于常态而不动作；反之，若光电开关的前方一定距离内出现物体，只要反射回来的光强度足够，则接收器接收到足够的漫射光就会使光电开关动作而改变输出的状态。

光电开关的外形及电气符号如图1-13和图1-14所示。

图1-13　光电开关的外形

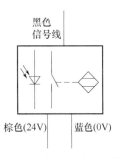

黑色信号线

棕色(24V)　　蓝色(0V)

图1-14　光电开关的电气符号

3. 移动探测器

智能人体感应采用军工通信微波技术，人来即亮，智能延时，走后一段时间熄灭配合光控，省去不必要的浪费。外壳采用进口聚碳酸酯原料，具有极佳的散热性和耐腐蚀性。

（1）产品参数　移动探测器的主要技术规格见表1-4。

表1-4　移动探测器的主要技术规格

序号	名　称	规　格
1	型号	TCZ 3900
2	输入电压频率	AC 220~240V/50Hz
3	输出功率	≤500W
4	可控负载	节能灯、LED灯、荧光灯等
5	光敏设置	可在≤2lx、≤25lx、≤2000lx 档位间可调
6	感应距离	1~8m（可调）
7	延时时间	可在"3s、45s、4min"档位间选择
8	探测角度	360°
9	建议安装高度	2.5m
10	使用极限温度	−20~75℃
11	待机功耗	≈0.9W

（2）外形与接线端子　超大纯铜接线柱，导电能力更强，精致接口设计，三线制安装，方便连接，如图1-15所示。

图1-15　移动探测器的外形与接线端子

（3）安装　一般采用穿墙式或吸顶式安装方法，如图1-16所示。

（4）功能调试　面板功能：延时时间设置、感应距离（灵敏度）设置、光敏设置、高频感应窗、LED指示灯、光线检测、螺钉固定孔和连接电源的端子。

1）延时时间设置。延时输出的时间可在"3s、45s、4min"之间设置，如图1-17所示。具体设置方法如下：

① 当拨档开关置"3s"档位时，其延时输出的时间为3s。

② 当拨档开关置"45s"档位时，其延时输出的时间为45s。

③ 当拨档开关置"4min"档位时，其延时输出的时间为4min。

【注意事项】以上所描述的延时输出时间的计时方式是以最后一次感应到移动物开始计时的；每次输出完毕后，会有约2s的感应停顿，2s后感应器恢复探测。

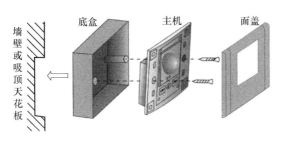

图 1-16　移动探测器的安装示意图

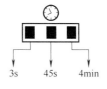

图 1-17　时间设置

2）感应距离（灵敏度）设置。感应探测范围可在 1~8m 进行无级调节，螺纹向左（逆时针）旋到尽头为最小 1m，向右（顺时针）旋到尽头为最大 8m，如图 1-18 所示。

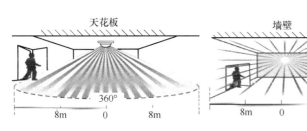

图 1-18　感应距离设置

3）光敏设置。感应器起作用的光控值要求可在"≤2lx、≤25lx、≤2000lx"之间设置。

【注意事项】光控值是实验室的测试值，自然光的值是：≤2lx、≤25lx、≤2000lx。其设置方法，如图 1-19 所示。

① 当拨档开关置于"☽"档位时为夜间模式，感应器在较黑的环境中，感应才有输出，白天没有输出。

② 当拨档开关置于"◐"档位时为傍晚模式，感应器在较暗的环境中，感应才有输出，白天没有输出。

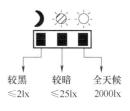

图 1-19　光敏设置

③ 当拨档开关置于"☀"档位时为全天候模式，感应器任何时候感应都有输出。

【注意事项】

① 对感应器进行任何拆装操作前请先关闭电源，由专业电工操作。

② 通过供应电压安装及使用感应器必须严格遵循合适的国家安全线路规章和用电要求。

➤ **任务准备**

1. 原理图

原理图共计 4 张，将其打印并装订成册。若条件允许，元器件的型号规格也应准备一份，如图 1-8~图 1-11 所示。

2. 维修常用工具

维修常用工具见表 1-5。

表 1-5 维修常用工具

序号	名　称	型号规格	数量	单位	外　形
1	尖嘴钳	耐世 6in	1	把	
2	斜口钳	耐世 6in	1	把	
3	剥线钳	耐世 6in	1	把	
4	压线钳	耐世	1	把	
5	电工钳	200mm	1	把	

3. 测量常用仪器仪表

测量常用仪器仪表见表 1-6。

表 1-6 测量常用仪器仪表

序号	名　称	型号规格	数量	单位	外　形
1	数字式万用表	VC830L	1	只	
2	验电器	500V	1	只	
3	钳形电流表	UT204A	1	只	
4	绝缘电阻表	ZC25	1	只	

➤**任务实施**

【专家提醒】进入车间或警示区域，需穿绝缘鞋、戴绝缘手套、防护衣和安全帽，在保证人身安全的情况下进行作业操作。

1. 装置测试与故障查找

1）限时 50min。

2）被检查装置包括两个部分：控制电路部分可接入 24V 供电后检查，主电路部分在无须接通电源条件下检查。

3）测试电路包括：照明电路、供电电路（如加热器电路）、控制电路（如电动机控制电路）等。

4）在装置隐蔽处设置总计 10 个故障。

5）装置故障必须至少包含：1 个高接地电阻故障、1 个低绝缘电阻故障、1 个极性错误故障、1 个参数设置故障。

6）装置故障还可以用到的故障类型：定时器设置不正确、过载设置不正确、短路故障、开路故障、连接处高电阻、相互连接（线路交叉）、极性错误和外观不完整等。

7）所有装置故障必须根据"2. 测试模块一般说明"中的测试规范进行操作。

8）查到故障后必须用统一符号在图样上进行标注，见表 1-7。

表 1-7 故障点标注示例

符　　号	故　障　类　型
$\lightning$	短路
$\nmid$	开路
⏚▭	低电阻绝缘故障
S	错误设定（定时器/过载）
V	设定值（错误元器件）
✕	线路交叉
▯	连接上高电阻

2. 测试模块一般说明

（1）测试项目　必须执行我国现行相关国家标准和安全要求，而不是特定行业标准。

（2）测试报告　模块通电测试前必须填写测试报告，待提交测试报告后方能通电调试，通电后若更改线路、设备安装，必须再次提交测试报告，否则不能再次通电调试。

（3）测试说明

1）接地连续性电阻：主接地端和装置上所需接地的任意一点之间的电阻不能超过 0.5Ω。

2）绝缘电阻：任意带电导体和任意接地导体之间的最小电阻不能小于 $1M\Omega$，使用绝缘电阻测试仪，用 500V 直流电压进行测试。

3）插座极性必须遵照国家标准。

4）在完成安装任务后，还要完成以下工作，才能进行通电调试：

① 所有强制性的测试都已经完成，必须达到以上"测试模块一般说明"的要求，且正确提交测试报告。

② 所有设备（如开关、插座、线槽等）的盖子都已安装，且完好无损。

③ 无暴露的或未完成接线的导线或电缆。

➤任务测评（表1-8）

【专家提醒】不断地通过理论与实操相结合，才能将知识转化成技能。

表1-8　任务评分表

序号	评分内容	评分标准	配分	得分
1	断路	排除断路故障得1分	1分	
2	短路	排除短路故障得1分	1分	
3	漏电	排除设备漏电现象，得1分	1分	
4	错件	元器件与指定的元器件参数不符，排除完成得1分	1分	
5	设定值	元器件设定的值与指定的要求不一致，排除完成得1分	1分	

任务三　初识楼宇智能控制系统

➤任务目标

1. 掌握楼宇智能控制各模块的组成。
2. 掌握 KNX 软件的编程技巧。
3. 掌握用无线传感器控制窗帘开与合的方法。
4. 掌握用超声波控制照明灯亮与灭的方法。

➤任务导入

现有一批楼宇智能控制实训系统，需将新型智能应用到住宅、商业楼、办公室、写字间，通过楼宇智能控制模块根据当时的环境变化来控制照明灯亮与灭，以及窗帘的开与合。

➤知识链接

一、系统介绍

楼宇智能控制实训系统是采用 HDL-KNX 全数字分布式控制系统，对区域内各类照明、空调、窗帘等电气设备进行自动化和集中控制管理，实现能源监测，不仅可有效管理楼宇的电气设备，提供灵活多变的使用功能和效果，还可以维护并延长灯具及电气设备的使用寿命，达到安全、节能、人性化、智能化的效果，并能在今后的使用中方便地根据用户的需求进行扩展。

二、楼宇智能控制系统的主要技术参数

（1）输入电源　单相三线 AC 220V（1±10%）、50Hz。
（2）工作环境　温度−10~+40℃；相对湿度<85%（25℃）；海拔<4000m。
（3）电源控制　断路器通断电源，有过电流保护、漏电保护装置等。
（4）输出电源　直流稳压电源 24V/3A，具有限流型短路软保护和自恢复功能。

三、相关知识点

1. HDL-M/P03 多功能智能面板

1) 输出端控制：可以使用手动开关来对所有的 220V 开关输出端进行控制。

2) 工作电压：DC 21~30V。

3) 总线通信：KNX/EIB。

4) 动态电流：<10mA。静态电流：<6mA。

5) 控制模式：多功能智能面板通过软件模式的设置可控制不同的设备，主要有开关模式、调光模式、窗帘模式、场景模式和序列模式等。其中，开关模式主要是控制照明灯的开与关；调光模式主要是控制照明灯的照度调节，使照明灯完成 0%~100% 的亮度调节；窗帘模式主要是使用开关控制窗帘的开或关，窗帘的位置控制及片叶的角度控制；场景模式主要是控制照明灯在某一个亮度下照明；序列模式主要是控制照明灯在某一情况下的亮度变化控制。通过与不同模块的组合控制可完成手动控制不同的负载。

各种控制方式需在软件中设置，如图 1-20 所示。

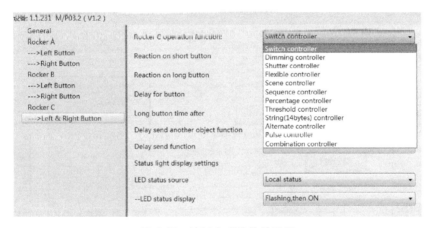

图 1-20　控制方式的软件设置

6) 使用方法：功能智能面板在使用软件中主要是设置三部分，第一部分是该模块的物理地址，该地址不能与其他模块的地址重复，如果地址冲突，该模块就会下载失败；第二部分是该模块的参数设置，具体的使用参数设置和逻辑输出都在这里设置；第三部分是该模块的群组地址设置，此地址是模块与模块之间的控制链接地址。控制方式的设置如图 1-21 所示。

2. 物理地址

物理地址的分配原则，如图 1-22 和图 1-23 所示。

1) 物理地址（physical address）用于定义设备在系统中的物理位置。

2) A（区）、B（线）、C（设备）：A=0~15；B=0~15；C=0~255。

3) 同一个区域，A 相同。

4) 同一条支线，B 相同。

软件中导入模块时，系统会给模块自动分配一个物理地址，模块的 A（区）、B（线）

两个地址在模块导入时就已经分配好了，那么 C（设备）系统会按照从 1~255 的顺序分配给模块，已经有的地址系统不会再次分配，只会分配没有使用过的地址，这个地址可以根据具体的使用进行修改。

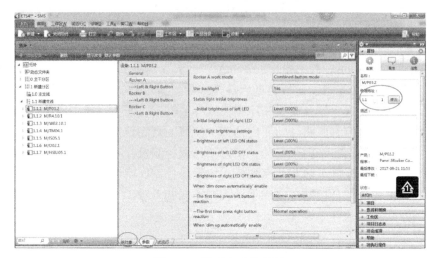

图 1-21　控制方式的设置

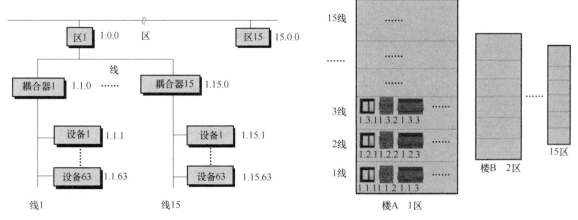

图 1-22　物理地址的分配

图 1-23　物理地址唯一性

物理地址好比一个人的身份证号码，保证在系统里具有唯一性。

我们可以把一栋楼分成 3 部分：

① 把楼本身当成一个区。

② 一层当成一条线。

③ 房间里的一个继电器作为一个执行设备。

从上面 3 点我们可以把这个继电器设备的物理地址定义为 1.1.1；同理，可以按照此规律定义这栋楼里任何一个设备的物理地址，以保证物理地址的唯一性。

3. 模块参数设置

1）如图 1-24 所示，多功能智能模块的参数主要有总概述和每个按键的参数，三个按键

A、B、C 的参数设置是相同的。这里以 A 参数为例说明参数设置。

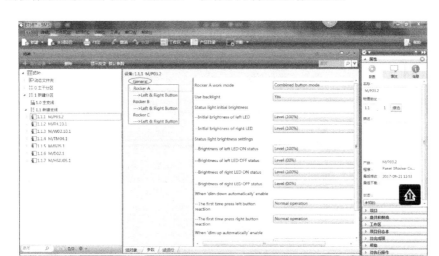

图 1-24　三个按键设置

2）"Rocker A"中参数的设置（见图 1-25）主要是设置 Rocker A work mode（工作模式），有独立模式（Independent button mode）和组合模式（Combined button mode）两种，可根据具体的使用情况加以选择。

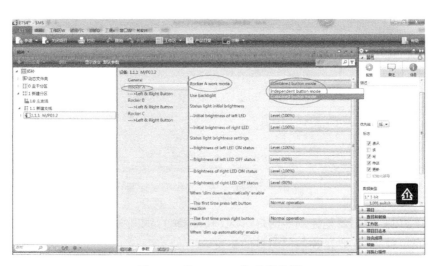

图 1-25　"Rocker A"参数设置

3）图 1-26 所示为"Rocker A"中的左右按键（开关模式）的设定，主要设置 1~4 项参数。

4）图 1-27 所示为"Rocker A"中的工作模式的设定，主要有"开关控制""调光控制""窗帘控制""灵活控制""场景控制""序列控制""比例控制""临界控制""字符串控制""备用控制""脉冲控制"和"组合控制"。

根据设备的使用情况，主要使用"开关控制""调光控制""窗帘控制""场景控制""序列控制"等控制。

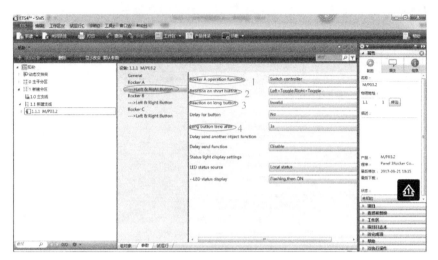

图 1-26　左右按键设置

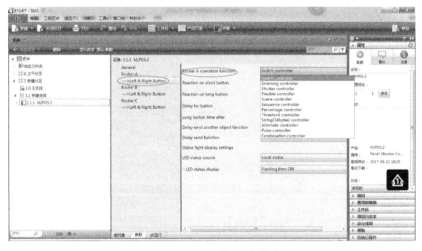

图 1-27　"Rocker A" 工作模式设置

①"开关控制"：主要是控制照明灯（风扇、插座）的开关。

②"调光控制"：主要是控制照明灯的亮度调节。

③"窗帘控制"：主要是控制窗帘的位置和角度。

④"场景控制"：主要是控制照明灯在什么亮度值下点亮。

⑤"序列控制"：主要是控制照明灯不同亮度的循环运行。

4. 模块群组地址设置

（1）群组地址的设置　群组地址的设置原则如图 1-28 所示。

1）具有相同组地址（Group address）的设备对象可以实现相互通信与控制。

2）三层组地址 X/Y/Z：X=0~15，Y=0~7，Z=1~255。组地址 0/0/0 保留，用于所谓的广播报文（即发送至所有可达总线设备的报文）。

3）两层组地址 X，Y：X=0~15，Y=1~2047。

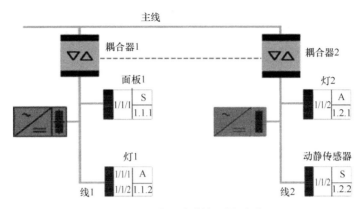

图 1-28 群组地址的设置原则

4）同一个对象可以链接多个组地址。

5）不同对象可以使用相同的组地址。

（2）群组地址的设置顺序 按照以下顺序设置模块的群组地址，如图 1-29 和图 1-30 所示。

图 1-29 群组地址设置流程 I

第一步，首先单击鼠标左键将"组对象"打开。

第二步，光标放在需要连接组对象的一行，单击鼠标右键，出现下拉框。

第三步，单击"链接与"。

第四步，如果没有设定好组地址，那么就要"创建新群组地址"，如果已经设定好组地址，那么就可以单击"用现存的群组地址链接"，从中选取要使用的组地址。

第五步，按照组地址的原则添加组地址，例如：组地址 1 1 3，那么添加的时候先写 1，再空格，再写 1，再空格，再写 3。

第六步，添加完成后，按下"确定"按钮。

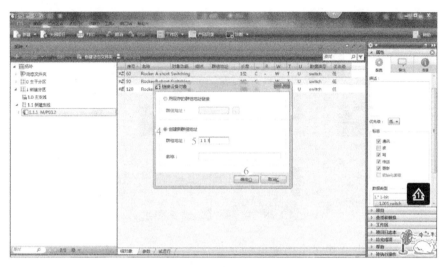

图 1-30　群组地址设置流程 Ⅱ

5. HDL-M/R4.10 继电器输出模块

1）工作电压：DC 21~30V。

2）总线通信：KNX/EIB。

3）动态电流：<15mA。

4）静态电流：<5mA。

5）动态功耗：<450mW。

6）静态功耗：<150mW。

7）输出电流：10A。

8）额定电压：AC 250V。

9）功能及作用：继电器模块输出为开关量无源输出，主要是控制负载电源的接通和断开，例如：对照明灯的控制，是通过跟其他模块（多功能智能面板、移动传感器等）的组合，继电器模块输出控制照明灯电源的接通和断开，即可控制照明灯亮和灭，如图 1-31 和图 1-32 所示。

图 1-31　继电器输出模块

10）使用方法：继电器输出模块在使用软件中主要是设置三部分，第一部分是该模块的物理地址，该地址不能与其他模块的地址重复，如果地址冲突，该模块就会下载失败；第二部分是该模块的参数设置，具体的使用参数设置和逻辑输出都在这里设置；第三部分是该模块的群组地址设置，此地址是模块与模块之间的控制链接地址。

其中，第一部分和第三部分的设置与多功能智能面板的设置相同，请参考多功能智能面板的设置。第二部分模块参数设置方法如下：

图 1-33 所示为继电器模块的参数设置，主要有总概述参数设置和每个通道（A、B、C、D）的参数设置。总概述参数使用默认参数即可，四个通道的参数设置都是一样的。

图 1-34 为 A 通道的参数设置，主要设置通道的工作模式，模式当中主要使用开关模式

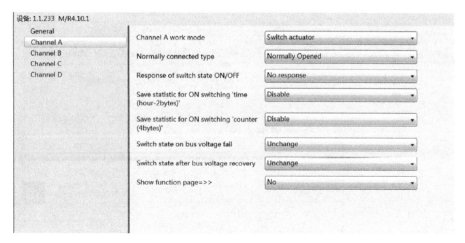

图 1-32　继电器控制设置

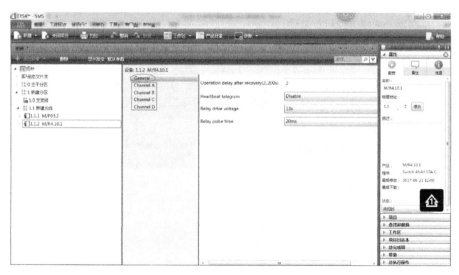

图 1-33　继电器模块的参数设置

即可。

6. HDL-M/W02 智能窗帘控制器

1）所有百叶窗帘输出端均可用按键进行手动操作，带内置总线耦合器。

2）工作电压：DC 21~30V。

3）总线通信：KNX/EIB。

4）动态电流：<12mA。

5）静态电流：<5mA。

6）动态功耗：<450mW。

7）静态功耗：<150mW。

8）输出电流：10A。

9）额定电压：AC 250V。

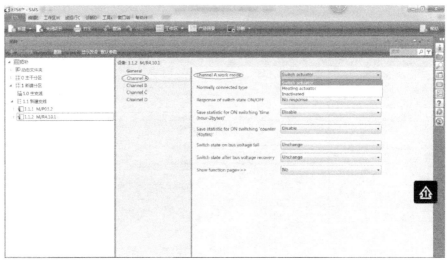

图 1-34 继电器 A 通道控制设置

10）输出通道：4 继电器/2 通道。

11）功能及作用：智能窗帘控制器主要是控制百叶窗的上升、下降，以及上升和下降的位置控制，百叶窗叶片的角度调节。例如：智能窗帘控制器可以通过与其他模块（红外传感器等）的配合完成对百叶窗的上下位置控制、叶片角度的调节。通过红外传感器检测外部阳光的亮度值控制窗帘的开度和角度的控制，完成窗帘的自动控制，如图 1-35 和图 1-36 所示。

图 1-35 智能窗帘控制器

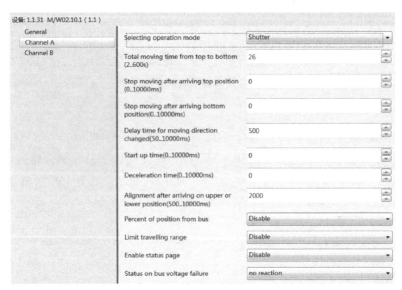

图 1-36 智能窗帘控制器的功能及作用

12）使用方法：百叶窗输出模块在使用软件中主要是设置三部分，第一部分是该模块的物理地址，该地址不能与其他模块的地址重复，如果地址冲突，该模块就会下载失败；第二部分是该模块的参数设置，具体的使用参数设置和逻辑输出都在这里设置；第三部分是该模块的群组地址设置，此地址是模块与模块之间的控制链接地址。

其中，第一部分和第三部分的设置与多功能智能面板的设置相同，请参考多功能智能面板的设置。第二部分模块参数设置如下：

图 1-37 所示为智能窗帘模块参数设置，主要有总概述参数设置和通道参数设置。总概述参数设置使用默认参数即可。

图 1-37　智能窗帘模块参数设置

图 1-38 所示为 A 通道参数设置，主要设置百叶窗的工作模式和百叶窗从 0% 位置到 100% 完全打开位置的时间设置，按照窗帘的实际时间设置，设备提供的电动百叶窗完全打开，使用时间大约为 26s。

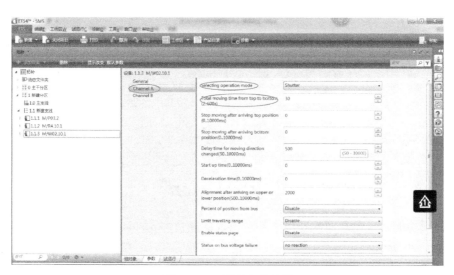

图 1-38　A 通道参数设置

图 1-39 为 A 通道功能模式参数设置，把功能模式选择"Yes"在左面的条目中就会出现此条目"Function"，选择此条目即可修改此参数。

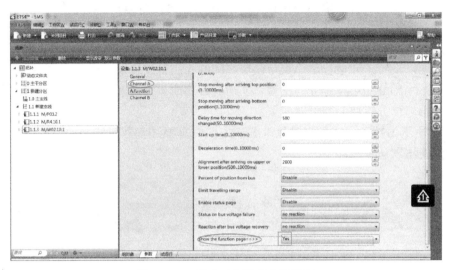

图 1-39   A 通道功能模式参数设置

选择"Function"后，右面的参数设置区出现 5 条功能项，常用的就是第一项百叶窗的位置控制功能。那么把位置控制功能从"Disable"调试到"Enable"，即是启动此项功能，如图 1-40 所示。

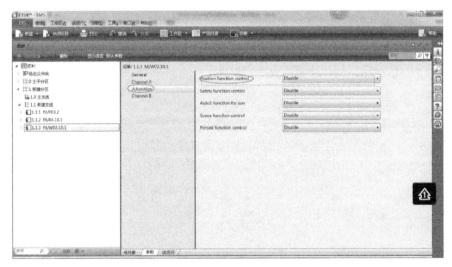

图 1-40   控制功能设置

启动此项功能后，在左面的条目中就会出现此条目"position"，选择此条目即可修改此参数，如图 1-41 所示。

此时就可以设置百叶窗的位置和角度，同时最下面"Move to position"条目将"Disable"状态调整到"Enable"状态，如图 1-42 所示。

7. HDL-KNX-Line 单端口总线交换机（见图 1-43）

1）HDL-BUS 与以太网网络双向数据交换。

2）无须断电的软复位功能。

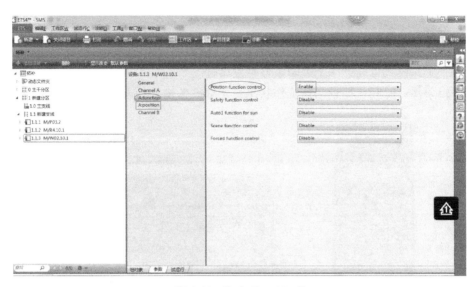

图 1-41　修改"position"

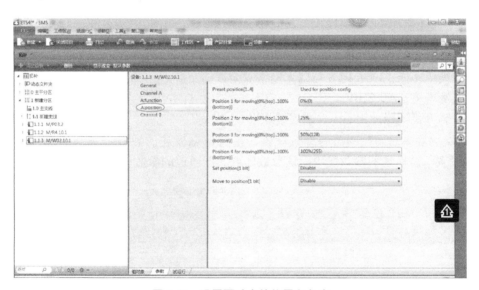

图 1-42　设置百叶窗的位置和角度

3）智能数据交换。

4）远程管理。

5）电源输入：DC 24V。

6）可连接的 HDL-BUS 子网数：1 个子网总线。

7）信号接口：HDL-BUS RJ45。

8）安装方式：标准 35mm 导轨安装。

9）功能及作用：通过交换机给每一个模块下载程序，也可通过计算机通信完成数据的监控。

8. HDL-M/TM04 逻辑时间控制器（见图 1-44）

1）可设计每天的工作事件。

2）每天最多 12 种工作模式。

3）每个工作模式可设计一个逻辑条件触发事件。

4）逻辑条件：时间、场景回路工作状态、外部设备输入状态等。

图 1-43　交换机

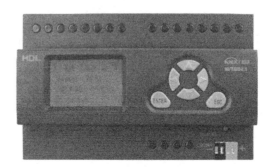

图 1-44　逻辑时间控制器

5）具有远程编程和管理功能。

6）交换机功能：HDL-BUS 与以太网络双向数据交换。

7）电源电压：AC 220V。

8）安装方式：标准 35mm 导轨安装。

图 1-45 为逻辑时间控制器的参数设置，主要是总概述的参数设置和通道（A、B、C、D）参数设置。总概述的参数使用默认参数即可。四通道的参数设置都是相同的。

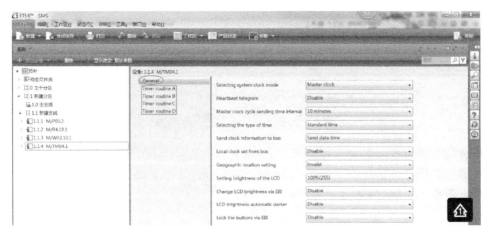

图 1-45　逻辑时间控制器的参数设置

图 1-46 所示为每个通道的参数设置，例如通道 A，首先把通道 A 从 "Disable" 调试到 "Enable"，即启动通道 A，启动后即可根据具体的时间设置使用时间了。

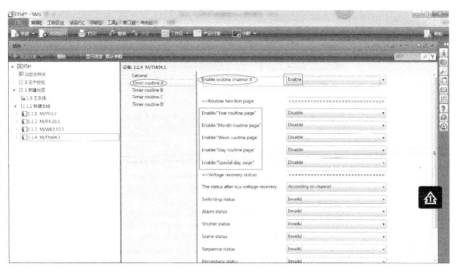

图 1-46　通道的参数设置

9. HDL-M/IS05 红外传感器（见图 1-47）

1）具有红外接收功能，可接收 8 个红外遥控码。

2）具有两个逻辑关系：OR 和 AND。

3）与安防模块配合使用。

4）可现场模拟各个状态。

5）采用 485 总线通信方式。

6）电源电压：DC 12~30V。

7）安装方式：吸顶式。

图 1-47　红外传感器

8）功能及作用：红外传感器主要能检测亮度值、有无移动、外部检测信号等几种信号，可通过这几种检测信号的组成完成"与逻辑"或"或逻辑"的控制。可通过与其他模块的组合完成控制对象的自动控制。例如：亮度值信号和移动信号组成"与"逻辑输出控制照明灯，当亮度值达到设定值，也有人移动时，这两个条件同时满足了，照明灯即可亮起来，有一个条件不满足，照明灯就不会亮，完成了照明灯自动控制。

图 1-48 所示为红外传感器的参数设置，主要有总概述、功能状态、通道参数设置。总概述的参数使用默认参数即可，功能状态的参数主要是监控实时数据值的使用，五个通道当中有四个通道（A、B、C、D）的参数设置是一样的，通道 E 为复合逻辑通道。

图 1-49 所示为通道 A 的参数设置，首先把通道 A 从 "Disable" 调试到 "Enable" 即启动通道 A，启动后下拉参数即可显示出来，里面主要有移动传感器，检测物体/人的移动状态；亮度传感器，检测亮度值；外部信号，可以与外部的信号形成逻辑，控制逻辑输出；块 A 输出的逻辑选择，有 "AND" 和 "OR" 逻辑选择。

如图 1-50 所示，块 A 逻辑输出模式的选择，一个逻辑的输出，可同时控制 10 路控制目标。例如：输出 1，选择开关模式。

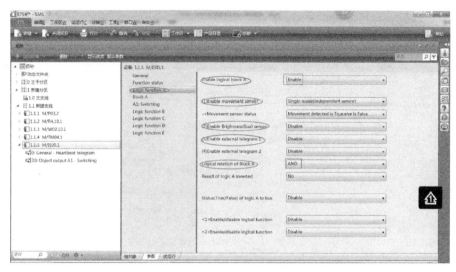

图 1-48　红外传感器的参数设置

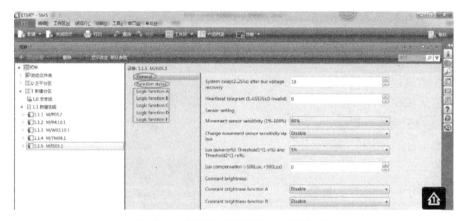

图 1-49　红外传感器通道 A 参数设置

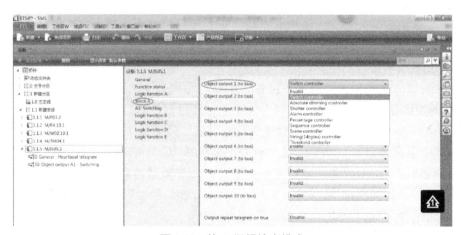

图 1-50　块 A 逻辑输出模式

如图 1-51 所示，输出 1 选择开关模式，主要设置逻辑输出为 1 时，接通的延时时间和断开的延时时间。即当逻辑输出为 1 时，接通延时时间为 0，那么就是立即输出；当逻辑输出为 0 时，断开延时时间为 10s，那么输出延时 10s 后输出。

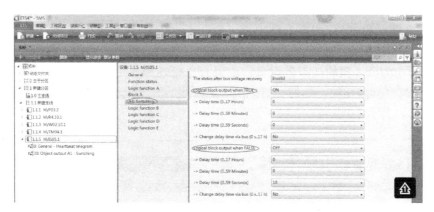

图 1-51　输出选择模式

10. 电源模块（见图 1-52）

1）输入电压：AC 230V 50/60Hz。

2）总线输出：DC 30V。

3）总线通信：KNX/EIB。

4）提供电流：960mA。

5）损耗：<2W。

6）上电时间：<1s。

7）功能及作用：为整个系统提供 DC 30V 电源。

11. 调光模块

如图 1-53 所示，调光模块可以完成以下几个功能。

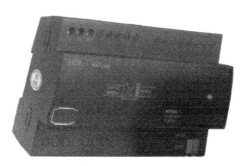

图 1-52　电源模块

图 1-53　调光模块

1）可对白炽灯、高压卤素灯和低压卤素灯进行开关和调光操作。

2）带内置的总线耦合器、螺纹端口、短路、空转和过热保护元件，以及对电灯起到保护作用的软启动。

3）通过 EIB、辅控装置以及在设备上进行调光操作，多种调光曲线和调光速度，相同的调光时间，记忆功能，接通/关闭延时，楼梯灯定时功能（带/不带手动关闭），场景（调用内部储存的多达 8 个亮度值），中央功能，逻辑连接或强制执行，联锁功能，状态反馈，总线电源恢复时的反应。

4）额定电压：AC 220～230V，50/60Hz。

5）额定功率/信道：最大 1000W/V·A。

6）最低负载（阻性）：20W 最低负载（阻性-感性-容性）50V·A。

7）输入端（辅控操作）：AC 230V，50/60Hz（与调光信道处于同一相位）。

图 1-54 所示为调光模块的参数设置，主要有总概述和通道参数设置，总概述中有一参数是设置照明灯序列控制的，即照明灯按照一定顺序的亮度值循环运行。两通道的参数设置是相同的。

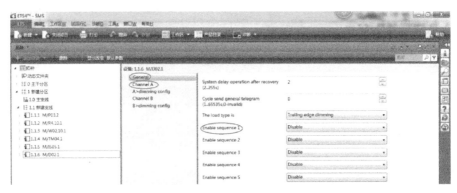

图 1-54　调光模块的参数设置

图 1-55 所示为通道 A 的参数设置，主要设置通道的功能项，把相应的功能项启动，左面条目中就会出现功能项条目。

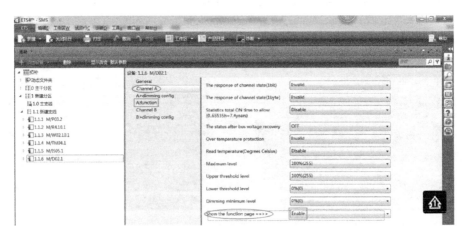

图 1-55　调光模块通道 A 的参数设置

功能项目中有 5 个功能项，常用的为 "scene" 场景功能项，如图 1-56 所示。

即可从参数当中设置每个场景的场景号、亮度值、延时时间的设置，如图 1-57 所示。

12. 超声波传感器

图 1-58 所示为超声波传感器的参数设置与外形，主要有总概述、功能状态和通道参数

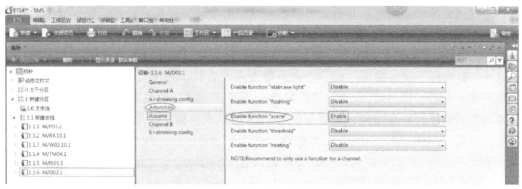

图 1-56　"scene" 场景功能项

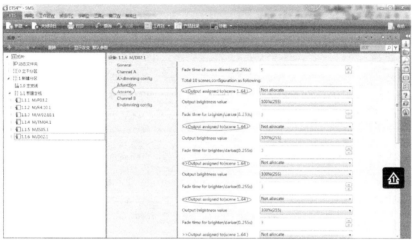

图 1-57　每个场景设置

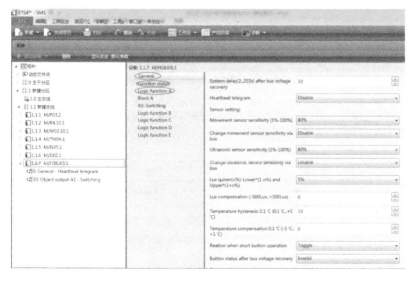

a) 参数设置

b) 外形

图 1-58　超声波传感器

设置。总概述的参数使用默认参数即可，功能状态的参数主要是监控实时数据值使用的，五个通道当中有四个通道（A、B、C、D）的参数设置是一样的，通道 E 为复合逻辑通道。

图 1-59 所示为通道 A 的参数设置，首先把通道 A 从"Disable"调试到"Enable"即启动通道 A，启动后下拉参数即可显示出来，里面主要有移动传感器，检测物体/人的移动状态；超声波传感器，检测物体/人的移动状态；亮度传感器，检测亮度值；温度传感器，检测外界的实时温度；外部信号，可以与外部的信号形成逻辑，控制逻辑输出；块 A 输出的逻辑选择，有"AND"和"OR"逻辑选择。

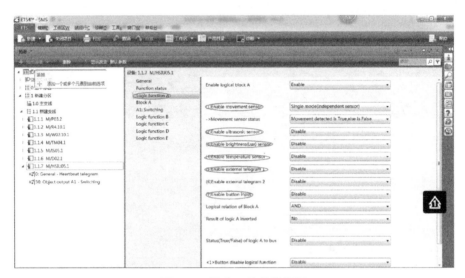

图 1-59　通道 A 的参数设置

图 1-60 所示块 A 逻辑输出模式的选择，一个逻辑的输出，可同时控制 10 路控制目标。例如：输出 1，选择开关模式。

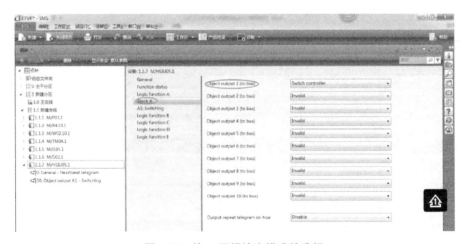

图 1-60　块 A 逻辑输出模式的选择

输出 1 选择开关模式，主要设置逻辑输出为 1 时，接通的延时时间和断开的延时时间。即当逻辑输出为 1 时，接通延时时间为 0，那么就是立即输出；当逻辑输出为 0 时，断开延时时间为 10s，那么输出延时 10s 后输出，如图 1-61 所示。

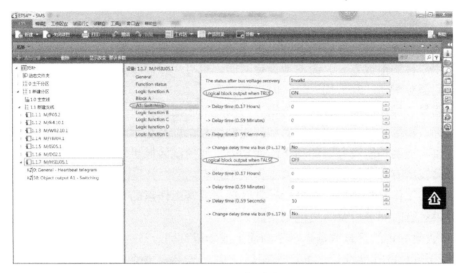

图 1-61　逻辑输出

13. HDL-KNX 监控管理软件（见图 1-62）

（1）软件概述

1）管理人员能通过中央监控室内的计算机对系统进行监控管理。

2）具有报警管理，日程表、历史记录、密码保护、中文菜单式及图形化多功能编程软件。

3）可根据需要，灵活、方便地设定控制区域及操作管理权限。

4）具有控制回路工作状况监控功能。

5）具有远程维护功能。

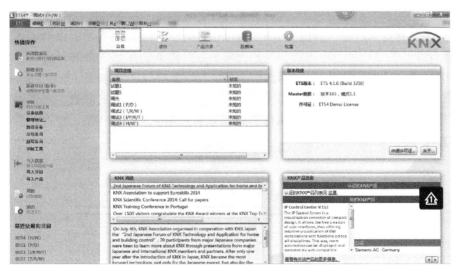

图 1-62　监控管理软件

6）系统时钟控制器可根据一年 365 天或每天的需求按程序对整个智能控制网络内的模块进行调节或开关控制设定；并可根据季节变化自动顺延开灯、关灯的时间。

（2）软件功能

1）在一个画面上进行所有的编程设定作业及对系统进行监控。

2）可用鼠标的拖拽方式，简便地设定时间，也可用控制板进行简便的设置。

3）可用鼠标对年、月、周、日、时进行设置。

4）采用易于操作的拖放方式，编辑各控制点的平面图。

5）鼠标所指区域显示相关控制器和群组的编号，以及显示该区的工作状态（开关）。

6）提供半透明功能及方便的动态画面功能，使控制区域更加生动直观。

7）可监视所有有关控制区的各项工作状态信息。

8）可发出工作异常警报，并显示异常区域、异常工作点的具体地址。

9）提供运行时间分析及历史记录功能。

10）可收集一定的日志数据显示于画面上或加以打印。

11）基于开放的标准设计，可管理 KNX/EIB 等安装总线系统及监控空调、通风、供水等系统。

12）可自动实现报警管理、时间管理及能源管理。

【注意事项】通电之前，先检查电路，确保电路正确后然后逐级送电。

> 任务准备

准备台式计算机或笔记本计算机一台，KNX 软件安装完成，楼宇智能控制系统配电盘已就绪。

> 任务实施

一、楼宇智能控制系统的基本原理

楼宇智能控制系统需要外部提供安全性特低电压（SELV）作为系统电源，最高电压为 29V。在双绞线作为总线且与电力线保持绝缘时，这样就能够保证使用的安全性。

楼宇智能控制系统 TP1（1 类双绞线）最小安装由以下部件组成：电源单元（DC 29V）、扼流器（也可以集成在电源单元内）、传感器（可以是开关面板、触摸屏、手机和温度传感器）、执行器（可以是开关执行器和调光执行器）、总线电缆（标准是四芯线，一般只用两芯电缆），如图 1-63 所示。

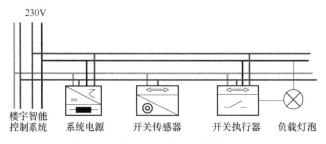

图 1-63　楼宇智能控制系统原理

如果采用的是 S 模式兼容的产品，安装完毕后，必须通过 ETS 工具软件，将其产品的应用程序加载至传感器和执行器之后才可以使用 KNX 系统。因此，项目工程师必须首先使用 ETS 工具软件完成以下配置。

1) 给每个设备分配一个物理地址（用于唯一识别楼宇智能控制系统安装中的各个传感器和执行器）。

2) 为传感器和执行器选择合适的应用软件并完成参数设置。

3) 分配组地址（用于实现链接传感器和执行器的功能）。

4) 分配物理地址（用于传感器和执行器参数化的应用软件）。

5) 组地址分配（用于链接传感器和执行器的功能），可以通过本地配置，也可以由中央控制器自动完成。

二、绘制系统框图

楼宇智能控制系统框图，如图 1-64 所示。

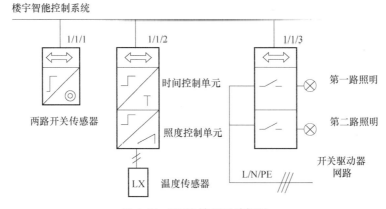

图 1-64　KNX 控制系统框图

（1）组地址分配

1) 1/../.. 一楼。

2) 1/0/.. 照明。

3) 1/0/1 第一路照明开关传感器（靠窗）。

4) 1/0/2 第二路照明开关传感器（靠墙）。

5) 1/0/3 照度控制单元。

6) 1/0/4 时间控制单元。

7) 1/0/5 第一路照明工作状态（靠窗）。

8) 1/0/6 第二路照明工作状态（靠墙）。

（2）控制原理　当室外照度达到一定程度时，照度控制单元应关闭第一路照明，并使之不能再打开。为了实现这一功能，在开关驱动器中对照度控制单元（地址 1/0/3）的报文和第一路照明开关传感器（地址 1/0/1）的报文进行"AND"的链接。为了防止当室外光线暗下来时照明会自动打开，"与"门的逻辑输出要反馈输入。为此在开关驱动器的参数选择中选定为"带反馈的与门"。这样，当照度控制单元输出变成"1"时，"与"门的另一个逻辑输入仍然为"0"。

第二路照明与第一路照明进行相似的并行处理，但是还要求如果在上班前室外照度过低时，时间控制单元应自动打开这一路照明。为了实现这一功能，时间控制单元地址（1/0/4）和第二路照明开关传感器的地址（1/0/2）都要连接到"与"门的输入端。为了防止当室外光线暗下来时照明会自动打开，"与"门的逻辑输出与第一路照明一样要反馈回输入。

两路开关驱动器还要分别将自己的地址（1/0/5 或 1/0/6）连接回相应的照明开关传感器，用于点亮开关上的 LED 显示灯，指示本照明的工作状态。

三、系统逻辑流程图

图 1-65 所示为系统逻辑流程图。

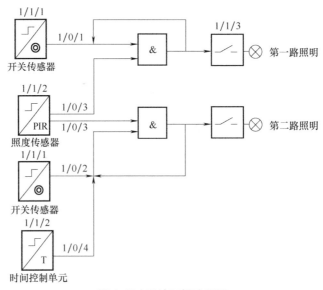

图 1-65　系统逻辑流程图

【注意事项】需要注意连接到总线组合模块上的照度控制单元和时间控制单元的动作顺序。

在本例中，由于照度不足，当时间控制单元输出为"0"时，照度控制单元输出"1"。然后时间控制单元首先动作，输出从"0"变为"1"，自动打开照明。

【友情提示】在系统维护时为了便于测试灯泡的好坏，可以使用一个附加开关传感器，把照度控制单元（1/0/3）的报文和这个附加开关传感器的报文进行"AND"连接，使得即使室内亮度很好，照度控制单元也不能强制关闭照明。这样就可以手动开关照明，进行测试了。

四、项目施工

上述配置完成之后，该施工的工程可描述如下：

1）单开关传感器在上拨杆被按下后，将会发送一个报文。报文中含有组地址、值（"1"）以及其他相关的综合数据。

2）所有已连接的传感器和执行器都会收到该报文，并对其进行评估分析。

3）仅具有相同组地址的设备才发送确认报文；读取报文中的值并执行相应的动作。本例中，开关执行器将会关闭其输出继电器。

▷**任务测评**

【专家提醒】循序而渐进，熟读而精思。

任务评分表见表1-9。

表1-9　任务评分表

序号	评分内容	评分标准	配分	得分
1	KNX 控制系统原理图	KNX 控制系统原理图绘制正确得 1 分	1 分	
2	KNX 控制系统框图	KNX 控制系统框图绘制正确得 1 分	1 分	
3	KNX 控制逻辑流程图	KNX 控制逻辑流程图绘制正确得 1 分	1 分	

模块二　电气装置基本技能

任务一　基于网格图绘制与区域划分的基本技能

▷**任务目标**

1. 熟悉网格图绘制与区域划分基本技能的相关规范和标准。
2. 熟练掌握网格图的绘制技巧以及区域的划分技巧。
3. 了解网格图绘制与区域划分基本技能及工艺要求。

▷**任务导入**

某车间现有白炽灯、开关、插座等元器件，试根据提供的施工图样绘制出白炽灯、开关及插座底盒的安装点。

▷**知识链接**

一、激光水平仪

激光水平仪是将激光装置发射的激光束导入水平仪的望远镜镜筒内，使其沿视准轴方向射出的水平仪。激光水平仪有专门激光水平仪和将激光装置附加在水平仪之上两种形式，与配有光电接收靶的水平尺配合，即可进行水平测量。与光学水平仪相比，激光水平仪具有精度高、视线长，能进行自动读数和记录等特点。

在电气装置项目中，激光水平仪主要辅助完成垂直中心线和水平中心线的绘制，如图1-66所示。

二、贴尺（自第44届世赛后暂被禁止使用）

在电气装置项目中，使用贴尺能够更快地完成水平、垂直刻度的标注，主要配合粉斗进行操作，因操作简单，数据直观，在操作过程中得到广泛应用。

贴尺的刻度线一般分为两种，一种为零刻度在中间，刻度由中心向两边增大；另一种为零刻度在一端（与常规尺子相同）。贴尺刻度示意图如图1-67所示。

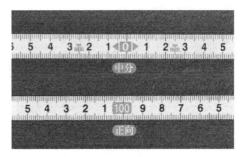

图1-66　激光水平仪　　　　　　　　图1-67　贴尺刻度示意图

三、粉斗（自第44届世赛后暂被禁止使用）

粉斗由墨仓、线轮、粉线（包括挂钩、固定针）、外壳等部分构成。粉斗通常被用于定位线的绘制。粉斗是建筑施工中的常见工具，其主要用途如下：

（1）做长直线　具体方法是将粘粉后的粉线一端固定，拉出粉线且拉紧在需要的位置，再提起中段弹下即可。

（2）画竖直线（当铅坠使用）　粉斗弹出的线容易扫去，因此，粉斗更适宜在已经处理好的表面上弹线，如电工在粉刷过的墙面上安装线路时使用粉斗。

粉斗的结构如图1-68所示。

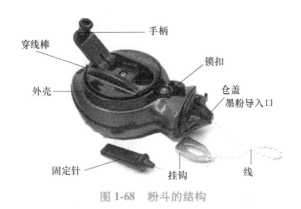

图1-68　粉斗的结构

➤任务准备

【专家提醒】"工欲善其事，必先利其器"，绘制之前仔细研究各类装配图样并核对所有配件，做到万无一失；弄懂任务中的要求，看清结构再付诸实施也不迟。

一、材料准备

材料准备见表1-10。

表1-10 材料准备

序　号	名　称	型号规格	数　量	单　位
1	86型开关底盒	80mm×80mm×30mm	6	只

二、工具准备

需要准备的工具有：铅笔、卷尺、水平尺和激光水平仪等。

三、图样准备

施工图如图1-69所示。

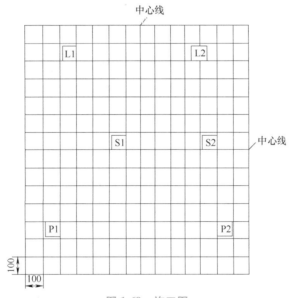

图1-69 施工图

四、绘制规范

1）绘制中心线时应确保激光水平仪处于水平状态。

2）粘贴贴尺时应确保贴尺水平垂直。

3）绘制底盒的安装点时要看清楚尺寸，不要出现画错、画偏等现象。

➤**任务实施**

【专家提醒】进入车间或危险区域，穿绝缘鞋、防护衣、戴绝缘手套和安全帽，在保证人身安全的情况下进行操作。

1. 根据图样计算安装点

1）根据图样，以水平、垂直中心线为基准，划分为四个象限，如图 1-70 所示。

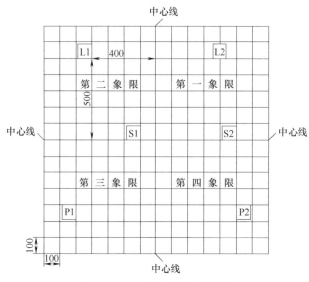

图 1-70　图样象限划分示意图

2）根据图样，可以得出每个底盒的安装点尺寸，见表 1-11。

表 1-11　每个底盒的安装点尺寸

序号	器件名称	水平坐标/mm	垂直坐标/mm	象　限
1	L2	400	500	第一象限
2	S2	500	0	第一象限
3	L1	400	500	第二象限
4	S1	100	0	第二象限
5	P1	500	400	第三象限
6	P2	500	400	第四象限

2. 绘制中心线

1）通过卷尺找出中心点并做出标记，以宽 1600mm、高 2400mm 操作面板为例，中心点距左侧 800mm，距顶端 1200mm。具体操作如图 1-71 和图 1-72 所示。

图 1-71　确定水平中心点

图 1-72　确定垂直中心点

2）以中心点为基准，使用激光水平仪完成校对，投出水平线和垂直线，在激光线的基础上利用直尺和铅笔在操作面上完成水平中心线和垂直中心线的绘制，如图1-73、图1-74所示。

图1-73　激光水平仪光束投掷效果

图1-74　使用直尺和铅笔绘制中心线

3. 绘制安装点

根据已计算好的安装点，分四个象限完成安装点的定位。以 L1 底盒安装点为例，选取底盒右下角作为定位点（水平尺寸 400mm，垂直尺寸 500mm）。

4. 安装底盒

在完成各个基点的绘制后，便可完成各底盒的安装，安装效果如图 1-75 所示。

图1-75　底盒安装效果

【注意事项】
① 安装底盒时注意配合水平尺，以保证水平（垂直）度符合要求。
② 底盒安装中心距误差应控制在 ±2mm 以内。

▷任务测评

【专家提醒】在施工作业完成后，对施工质量进行检测，检测合格后方可进行下一道作业。

任务评分表见表 1-12。

表 1-12　任务评分表

序号	评分内容	评分标准（误差±2mm）	配分	得分
1	选择水平或垂直尺寸其中一项进行测量	L1 安装尺寸正确得 1 分	1 分	
2	选择水平或垂直尺寸其中一项进行测量	L2 安装尺寸正确得 1 分	1 分	
3	选择水平或垂直尺寸其中一项进行测量	S1 安装尺寸正确得 1 分	1 分	
4	选择水平或垂直尺寸其中一项进行测量	P1 安装尺寸正确得 1 分	1 分	
5	选择水平或垂直尺寸其中一项进行测量	P2 安装尺寸正确得 1 分	1 分	

任务二　基于 PVC 管、金属管切割的技能

▶任务目标

1. 熟练掌握锯弓的操作方法。
2. 熟练掌握台虎钳的操作方法。
3. 熟练使用锯弓、台虎钳进行金属管的加工。
4. 熟练使用剪管器加工处理直径在 32mm 以下的 PVC 管。

▶任务导入

某车间内有一批管材，根据任务书的要求进行切管工作。

▶知识链接

一、锯弓

锯弓是用来安装和张紧锯条的工具，可分为固定式和可调式两种。

图 1-76a 所示为固定式锯弓，在手柄的一端有一个用于安装锯条的固定夹头，在前端有一个用于安装锯条的活动夹头。

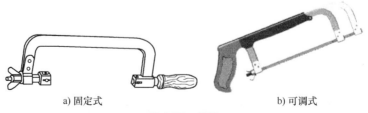

a) 固定式　　　　　　　　　　　　　b) 可调式

图 1-76　锯弓

图 1-76b 所示为可调式锯弓，与固定式弓锯相反，用于安装锯条的固定夹头在前端，活动夹头靠近手柄的一端。固定夹头和活动夹头上均有一个销，锯条就挂在两销上。这两个夹头上均有方榫，分别套在弓架前端和后端的方孔导管内。旋紧靠近手柄的翼形螺母就可把锯条拉紧。需要在其他方向安装锯条时，只需将固定夹头和活动夹头拆出，转动方榫再装入即可。

二、台虎钳

台虎钳的外形如图 1-77 所示。台虎钳是用来夹持工件的通用夹具。台虎钳安装在工作台上，用以夹稳加工工件，是钳工车间必备工具。转盘式的钳体可旋转，便于将工件旋转到合适的工作位置。

1. 用途

台虎钳为钳工必备工具，因为钳工的大部分工作都是在台虎钳上完成的，比如锯、锉、錾及零件的装配和拆卸。台虎钳安装在钳工台上，以钳口的宽度为标定规格，常见规格为 75～300mm。

2. 结构

它主要由钳身、底座、导螺母、丝杠和钳口等组

图 1-77　台虎钳的外形

成。活动钳身通过导轨与台虎钳固定钳身的导轨做滑动配合。丝杠安装在活动钳身上，可以旋转，但不能轴向移动，并与安装在固定钳身内的丝杠螺母配合。当摇动手柄使丝杠旋转时，就可以带动活动钳身相对于固定钳身做轴向移动，起夹紧或放松的作用。弹簧借助挡圈和开口销固定在丝杠上，其作用是当放松丝杠时，可使活动钳身及时退出。固定钳身和活动钳身上各装有钢制钳口，并用螺钉固定。钳口的工作面上制有交叉的网纹，使工件夹紧后不易产生滑动。钳口经过热处理淬硬，具有较好的耐磨性。固定钳身装在转座上，并能绕转座轴心线转动，当转到要求的方向时，扳动夹紧手柄使夹紧螺钉旋紧，便可在夹紧盘的作用下把固定钳身紧固。转座上有三个螺栓孔，用以与钳台固定。

3. 种类

台虎钳按固定方式分为固定式和回转式两种；按外形可分为带砧和不带砧两种。

回转式台虎钳的结构如图 1-78 所示。

台虎钳中有两种作用的螺纹：

1）夹紧螺纹。将钳口固定在钳身上，对钳身起到紧固及连接作用。

2）传动螺纹。旋转丝杠，带动活动钳身相对固定钳身移动，将丝杠的转动转变为活动钳身的直线运动，把丝杠的运动传到活动钳身上，即起到传动作用。起传动作用的螺纹是传动螺纹。圆柱外表面的螺纹是外螺纹，圆孔内表面的螺纹是内螺纹，内外螺纹往往成对出现。

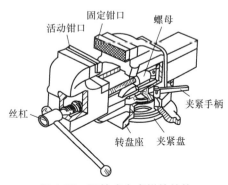

图 1-78　回转式台虎钳的结构

4. 使用方法

在钳台上安装台虎钳时，必须使固定钳身的工作面处于钳台边缘以外，以保证夹持长条形工件时，工件的下端不受钳台边缘的影响。回转底座的中间孔应该朝里边。

在钳台装上台虎钳后，操作者工作时的高度应比较合适，一般多以钳口高度恰好与肘齐平为宜，即肘放在台虎钳最高点半握拳，拳刚好抵下巴，钳台的长度和宽度则随工作而定。

5. 维护

1）安装台虎钳时，必须使固定钳身的钳口一部分处在钳台边缘外，以保证夹持长条形工件时，工件的下端不受钳台边缘的影响。

2）台虎钳一定要牢固地固定在钳台上，三个压紧螺钉必须拧紧，使台虎钳钳身在加工时没有松动现象，否则会损坏台虎钳且影响加工。

3）在夹紧工件时只许用手的力量扳动手柄，绝不许用锤子或其他套筒扳动手柄，以免丝杠、螺母或钳身损坏。

4）不能在钳口上敲击工件，而应该在固定钳身的平台上敲击，否则会损坏钳口。

5）丝杠、螺母和其他滑动表面要求经常保持清洁，并加油润滑。

【注意事项】

① 夹紧工件时要松紧适当，只能用手扳紧手柄，不得借助其他工具加力。

② 强力作业时，应尽量使力朝向固定钳身。

③ 不许在活动钳身和光滑平面上敲击作业。

④ 对丝杠、螺母等活动表面应经常清洗、润滑，以防生锈。

三、砂轮切割机（比赛时暂被禁止使用）

砂轮切割机又叫作砂轮锯，砂轮切割机适用于建筑、五金、石油化工、机械冶金及水电安装等工作。砂轮切割机可对金属方扁管、方扁钢、工字钢、槽型钢、碳素钢、圆管等材料进行切割，如图 1-79 所示。

图 1-79 砂轮切割机

1. 结构

砂轮机主要由基座、砂轮、电动机或其他动力源、托架、防护罩和给水器等组成。砂轮设置在基座的顶面，基座内部具有供放置动力源的空间，动力源驱动减速器，减速器具有一根穿出基座顶面的传动轴用于连接砂轮，基座对应砂轮的底部位置具有一凹陷的集水区，集水区向外延伸出一条流道，给水器设于砂轮一侧上方，给水器内具有一盛装水液的空间，且给水器对应砂轮的一侧具有一出水口。具有整体传动机构，使研磨过程更加方便顺畅及提高整体砂轮机的研磨功效。

2. 操作规程

1）工作前必须穿戴劳动保护用品，检查设备的接地线是否合格。

2）检查并确认砂轮切割机是否完好，砂轮片是否有裂纹缺陷，禁止使用存在缺陷的设备和不合格的砂轮片。

3）切料时不可用力过猛或突然撞击，遇到有异常情况时要立即关闭电源。

4）被切割的工料要用台虎钳夹紧，不准一人扶料一人切料，并且在切料时操作人员必须站在砂轮片的侧面。

5）更换砂轮片时，要待设备停稳后进行，并要对砂轮片进行检查与确认。

6）操作中，机架上不准存放工具和其他物品。

7）砂轮切割机应放在平稳的地面上，远离易燃物品，电源线连接漏电保护装置。

8）砂轮切割片应按要求安装，试起动运转平稳后方可开始工作。

9）卡紧装置应安全可靠，以防工件松动出现意外。

10）切割时操作人员应均匀切割并避开切割片正面，防止因操作不当而发生切割片打碎事故。

11）工作完毕后应擦拭砂轮切割机表面灰尘和清理工作场所，露天存放时应有防雨措施。

➤**任务准备**

【**专家提醒**】"工欲善其事，必先利其器"，安装之前仔细研究各类装配图样并核对所有配件，做到万无一失；弄懂任务中的要求，看清结构再下手也不迟。

一、工具准备

台虎钳、锯弓、锯弓条、平扁锉、剪管器、钢直尺、钢卷尺和铅笔等。

二、材料准备

材料清单见表1-13。

表1-13　材料清单

序　号	名　　称	型号规格	数　量	单　位
1	PVC管	φ16mm	2	m
2	金属管	φ20mm	2	m

➤**任务实施**

一、锯弓的切割训练

1）锯条安装：根据工件材料及厚度选择合适的锯条，安装在锯弓上。锯齿应向前，松紧应适当，一般用两个手指的力能旋紧为止。锯条安装好后，不能有歪斜和扭曲，否则锯削时易折断。

2）定位测量：根据施工图要求，使用钢卷尺测量出加工尺寸，用铅笔画线，确定切口位置。

3）切割要求：金属线管用锯弓切割时，用力不能太猛，应一边旋转一边锯（因管壁较薄，需要注意锯条断条和造成缺齿）；硬塑料管一般用锯弓锯断。

4）安装工件伸出钳口不应过长，防止锯削时产生振动。锯线应和钳口边缘平行，并夹在台虎钳的左边，以便于操作。还要将金属管夹紧，防止变形和夹坏已加工表面。

5）锯削时，身体正前方与台虎钳中心线成大约45°角，右脚与台虎钳中心线成75°角，左脚与台虎钳中心线成30°角。握锯时右手握柄，左手扶弓，如图1-80所示。推力和压力的大小主要由右手掌握，左手压力不要太大。

6）起锯角度不要超过15°。为使起锯的位置准确和平稳，起锯时可用左手大拇指挡住锯条的方法来定位。

7）根据施工图，选好金属管，确保金属管无生锈或变形等，使用钢卷尺测量出管子尺寸为50mm。正确使用锯弓、台虎钳将管材加工成为50mm/根，而后使用平锉刀将切口处理平齐光滑，防止划伤安装人员及其他元器件。

二、切割

在配管前，应根据所需实际长度对管子进行切割。钢管的切割方法很多，生产批量较大时，可以使用型钢切割机（无齿锯）。生产批量较小时，可使用锯弓或割管器（管子割刀）。管子切断后，断口处应与管轴线垂直，管口应锉平、刮光，使管口整齐光滑。

三、裁剪

1）硬质塑料管的切断多用锯弓。硬质PVC塑料管使用配套PVC专用截管器截剪管子，应边转动管子边进行裁剪，使刀口易于切入管壁，刀口切入管壁后，应停止转动PVC塑料管（以保证切口平整），继续裁剪，直至管子切断为止，切断后应将断口处锉平齐，如图1-81所示。

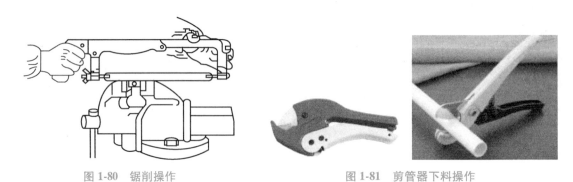

图1-80　锯削操作　　　　　　　　　图1-81　剪管器下料操作

2）使用专用截管器裁剪管材时，对于32mm及以下的小管径管材，截断后应使用截管器的刀背对切口进行倒角处理。

【注意事项】

① 硬塑料管的性能指标应符合国家规定的标准。

② 锯条安装应呈一条直线，切勿出现扭曲。

③ 锯削时，速度要适中，切勿扭曲锯条。

④ 金属管加工时，严禁用电、气焊切割钢管。

> **任务测评**

【专家提醒】在施工作业完成后，对施工质量进行检测，检测合格后方可进行下一道作业。

任务评分表见表 1-14。

表 1-14　任务评分表

序号	评分内容	评分标准	配分	得分
1	切割长度	切割长度符合图样要求得 1 分	1 分	
2	切割端面	切割端面无毛刺、无粉尘等现象得 1 分	1 分	
3	PVC 管表面	切割表面光滑、无裂缝、无烧伤得 1 分	1 分	

任务二　基于 PVC 管的弯管技能

> **任务目标**

1. 了解 PVC 管弯度半径的工艺及相关要求。
2. 熟练掌握 PVC 管弯曲半径的弯曲技能。
3. 熟练掌握 PVC 穿线管明敷安装规范。

> **任务导入**

某工厂新建成一个大车间，需采购一批 PVC 管，急需电路、管路施工，所有导线均不能明敷且要求穿 PVC 管保护，因为在安装过程中需要处理拐角、弯角问题，现需对 PVC 管进行 90°和 45°弯管处理，请负责施工的人员按需执行。

> **知识链接**

一、PVC 管

PVC 的主要成分为聚氯乙烯，加入其他成分可增强其耐热性、韧性、延展性。这种表面膜的最上层是漆，中间的主要成分是聚氯乙烯，最下层是背涂粘合剂。

1. 分类

PVC 可分为软 PVC 和硬 PVC。其中硬 PVC 大约占市场的 2/3，软 PVC 占 1/3。软 PVC 一般用于地板、天花板以及皮革的表层，但由于软 PVC 中含有增塑剂（这也是软 PVC 与硬 PVC 的区别），物理性能较差（如上水管需要承受一定水压，软质 PVC 管就不适合使用），所以其使用范围受到了局限。硬 PVC 不含增塑剂，因此易成形，物理性能较佳，因此具有很大的开发应用价值。聚氯乙烯材料在生产过程中，势必添加几种助剂，如稳定剂、增塑剂等。若全部采用环保助剂，PVC 管材也是无毒无味的环保制品。

1）干燥处理：通常不需要干燥处理。

2）熔化温度：185～205℃。

3）模具温度：20～50℃。

4）注射压力：可大到 1500bar（1bar＝10^5Pa）。

5）保压压力：可大到 1000bar。

6）注射速度：为避免材料降解，一般要用相当低的注射速度。

7）流道和浇口：所有常规的浇口都可以使用。如果加工较小的部件，最好使用针尖形浇口或潜入式浇口；对于较厚的部件，最好使用扇形浇口。针尖形浇口或潜入式浇口的最小直径应为 1mm；扇形浇口的厚度不能小于 1mm。

8）典型用途：用于供水管道、家用管道、房屋墙板、商用机器壳体、电子产品包装、医疗器械和食品包装等。

2. 常用材料

（1）ABS ABS 是丙烯腈（A）、丁二烯（B）、苯乙烯（S）三种单体的三元共聚物。ABS 常用于输送饮用水、泥浆和化学品。

（2）未增塑的聚氯乙烯（UPVC）和后氯化聚氯乙烯（CPVC）

1）UPVC 整个工作温度范围内具有优异的耐化学性能，具有广泛的工作压力范围。由于其具有长期高强度的特性、刚度和成本效益，UPVC 系统在塑料管道安装中占相当大的比例。

2）CPVC 是耐多种酸、碱、盐、链烷烃、卤素和醇类。

（3）聚丙烯（PP） 聚丙烯适合用于食品、饮用水和超纯净的水域，以及在制药、化工等行业。

（4）聚乙烯（PE） 聚乙烯用于安全输送饮用水和废水、有害废物和压缩气体。

3. PVC 管的优点

1）具有较好的抗拉、抗压强度，但其柔性不如其他塑料管材。

2）流体阻力小：PVC-U 管材的管壁非常光滑，对流体的阻力很小，其粗糙系数仅为 0.009，其输水能力可比同等管径的铸铁管材提高 20%，比混凝土管材提高 40%。

3）耐腐蚀性、耐药品性优良：PVC-U 管材具有优异的耐酸、耐碱、耐腐蚀、不受潮湿水分和土壤酸碱度的影响，管道铺设时不需任何防腐处理。

4）具有良好的水密性：PVC-U 管材的安装，不论采用粘接还是橡胶圈连接，均具有良好的水密性。

5）防咬啮：PVC-U 管不是营养源，因此不会受到啮齿动物的侵蚀。根据美国国家卫生基金会在密歇根州进行的试验证明，老鼠不会咬啮 PVC-U 管材。

6）性能测试：固化时间、收缩率、劈裂强度、拉伸性能、剥离强度、热稳定性、适用期、贮存期、有害物质释放。

4. PVC 管材尺寸规格

硬 PVC 管的公称外径有多种，但是软 PVC 管最大公称外径一般是 50mm。

硬 PVC 管的公称外径有：2.5mm、3mm、4mm、5mm、6mm、…、355mm、400mm、450mm、500mm、560mm、630mm、710mm、800mm、900mm、1000mm 等。

5. 辨别方法

1）察看表面光洁度及白度。

2）拿样品进行摔打测试，容易摔碎者一般是高钙产品。

3）拿样品进行脚踩试验。用脚踩管材的边，看看是否能裂开，或者裂开后的断裂伸长率。

4）耐气侯测试。最直接的办法就是拿到高温高光的地方放个几天，看表面变化率，但这种方法较浪费时间。

6. 施工维护

PVC 管的连接方式主要有密封胶圈、粘接和法兰连接 3 种。管径大于或等于 100mm 的管道一般采用密封胶圈接口；管径小于 100mm 的管道则一般采用粘接接头，也有的采用活接头。管道在跨越下水道或其他管道时，一般都使用金属管，这时塑料管与金属管采用法兰连接。阀门前后与管道的连接也都是采用法兰连接。

1）当小口径管道采用溶剂粘接时，必须将插口处倒小圆角，以形成坡口，并保证断口平整且垂直于轴线，这样才能粘接牢固，避免漏水。

2）一般管径大于或等于 100mm 的 PVC 管都采用密封胶圈接口。安装前必须安排人员将管子插口部位倒角，还要检查胶圈质量是否合格，安装时必须将承口、胶圈等擦试干净。

3）传统管道安装的管沟开挖只要求能把管道放入管沟和能进行封口即可，在没有松动原有土层时，可不用加压夯实垫层。

4）一般 PVC 管支管开叉可用三通或立式止水栓开叉。在施工时可加一个马鞍形配件半个二合三通，并用 U 形螺栓卡紧，这样就加厚了管壁，然后直接在上面钻孔开牙，再用外螺纹塑料件接出。试验表明用这种方法施工后试压验收完全可以达到规范的要求。另外在管内水流产生推力的位置，比如弯头、三通及管端封板处等部位都应设置止推墩以承受水流的推力。

5）PVC 管作为一种新型非金属管，用现有金属管道探测设备，不能探测到其具体位置，但若管道埋设施工时在管道上面埋设一条电线就可方便地解决这个问题。

7. 管材安装结构

PVC 管在建筑方面被认为首选的管道材料，广泛地应用到各个领域中，它的自身特点完全在水道系统中体现出来。安装 PVC 管材过程中应注意的事项如下：

1）为保证 PVC 管的安全与干净，应该用使用支架把管材放在上面，确保管材没有随地乱放以及遭到人员踩踏，管材可以干净使用，也能预防管材里有淤泥残留。

2）安装前，应该对施工管路的布置检查清楚，不仅要整齐，还要结构结实，保持通畅。

3）管材安装时要轻拿轻放，避免搬运过程中造成破坏，并且注意石头或者淤泥不要滞留在管材中。

4）管材安装完毕后，要试压测试一段时间，再次测试时还要检查每个接口处有没有漏水情况。

二、弯管器

弯管器有多种，其中一种是指电工排线布管时所用的工具，用于电线管的折弯排管。它属于螺旋弹簧形状工具。

弯管器分为手动弯管器和角度弯管器，弯管范围为 $\phi 14mm$、$\phi 16mm$、$\phi 18mm$、$\phi 20mm$、$\phi 25mm$、$\phi 32mm$，手动弯管器分为携带式和固定式两种。可以弯制公称通径不超过 DN25mm 的管子。弯管时，一般需备有几对与常用管子外径相应的胎轮。对于携带式手动弯管器，操作时应将被弯管了放在弯管胎槽内，一端固定在活动挡板上，推动手柄，便可将管子弯曲到所需要的角度。

任意弯管是指任意弯曲角度和任意弯曲半径的弯管。这种弯管弯曲部分的展开长度可按下式进行计算：

$$L = \frac{\pi \alpha R}{180} = 0.01745 \alpha R$$

式中　　L——弯曲部分的展开长度（mm）；

　　　　α——弯曲角度（°）；

　　　　π——圆周率；

　　　　R——弯曲半径（mm）。

此外，任意弯管曲段展开长度的计算，还可按图 1-82 及表 1-15 进行。

例如，已知图 1-83 中弯头的弯曲角度 $\alpha = 25°$，弯曲半径 $R = 500mm$，安装管段距转角点 M 的距离为 911mm，取一根直管来制作弯头，试问应如何画线？

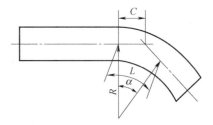

图 1-82　任意弯管

解　需加工的弯管端直管段长度 b 为

$$b = 911 - CR$$

查表 1-15 得，当 $\alpha = 25°$ 时，$C = 0.2216$　$L = 0.4363$，即

$$CR = 0.2216 \times 500mm = 111mm$$

因此，得 $b = (911 - 111)mm = 800mm$

弯曲部分实际展开长度 $L_{展}$ 为

$$L_{展} = LR = 0.4363 \times 500mm = 218mm$$

根据计算出来的直管段长度 b 及弯曲部分展开长度 L，便可进行画线，如图 1-83 所示。

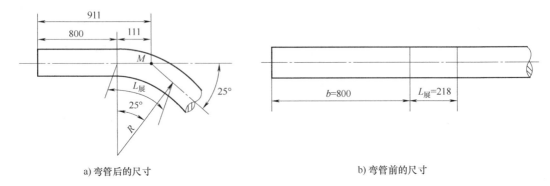

a) 弯管后的尺寸　　　　　　　　　　　　　　b) 弯管前的尺寸

图 1-83　弯管计算

表 1-15 对应弯曲值

弯曲角度 $\alpha/(°)$	半径直长 C	弯曲长度 L	弯曲角度 $\alpha/(°)$	半径直长 C	弯曲长度 L
1	0.0087	0.0175	46	0.4245	0.8029
2	0.0175	0.0349	47	0.4348	0.8203
3	0.0261	0.0524	48	0.4452	0.8378
4	0.0349	0.0698	49	0.4557	0.8552
5	0.0436	0.0873	50	0.4663	0.8727
6	0.0524	0.1047	51	0.4769	0.8901
7	0.0611	0.1222	52	0.4877	0.9076
8	0.0699	0.1396	53	0.4985	0.9250
9	0.0787	0.1571	54	0.5095	0.9425
10	0.0875	0.1745	55	0.5205	0.9599
11	0.0962	0.1920	56	0.5317	0.9774
12	0.1051	0.2094	57	0.5429	0.9948
13	0.1139	0.2269	58	0.5543	1.0123
14	0.1228	0.2443	59	0.5657	1.0297
15	0.1316	0.2618	60	0.5774	1.0472
16	0.1405	0.2793	61	0.5890	1.0647
17	0.1494	0.2967	62	0.6009	1.0821
18	0.1584	0.3142	63	0.6128	1.0996
19	0.1673	0.3316	64	0.6249	1.1170
20	0.1763	0.3491	65	0.6370	1.1345
21	0.1853	0.3665	66	0.6494	1.1519
22	0.1944	0.3840	67	0.6618	1.1694
23	0.2034	0.4014	68	0.6745	1.1868
24	0.2126	0.4189	69	0.6872	1.2043
25	0.2216	0.4363	70	0.7002	1.2217
26	0.2309	0.4538	71	0.7132	1.2392
27	0.2400	0.4712	72	0.7265	1.2566
28	0.2493	0.4887	73	0.7399	1.2741
29	0.2587	0.5061	74	0.7536	1.2915
30	0.2679	0.5236	75	0.7673	1.3090
31	0.2773	0.5411	76	0.7813	1.3265
32	0.2867	0.5585	77	0.7954	1.3439
33	0.2962	0.5760	78	0.8098	1.3614
34	0.3057	0.5934	79	0.8243	1.3788
35	0.3153	0.6109	80	0.9391	1.3963
36	0.3249	0.6283	81	0.8540	1.4173
37	0.3345	0.6458	82	0.8693	1.4312
38	0.3443	0.6632	83	0.8847	1.4486
39	0.3541	0.6807	84	0.9004	1.4661
40	0.3640	0.6981	85	0.9163	1.4835
41	0.3738	0.7156	86	0.9325	1.5010
42	0.3839	0.7330	87	0.9484	1.5184
43	0.3939	0.7505	88	0.9657	1.5359
44	0.4040	0.7679	89	0.9827	1.5533
45	0.4141	0.7854	90	1.000	1.5708

注：引用表中 C、L 值时，应乘以弯曲半径。

由此可以看出，只要弯曲角度和弯曲半径一定，利用表 1-15 就能很方便地进行任意角度、任意弯曲半径的弯管计算。而在热煨时，其加热管段长度一般应比弯曲长度稍长一些，以便保证弯曲部分加热均匀。增加的长度一般规定为：对于弯曲角度大的管子，可增加 2 倍管外径长度；对弯曲角度小的则增加弯曲长度的 20%。

三、其他工具

其他工具主要包括以下几种：

1）铅笔、水平尺、钢卷尺、钢直尺和吊线锤。

2）羊角锤、锯弓、锯条和扁锉。

3）手电钻、钻头和开孔器。

4）绝缘手套、工具袋、工具箱和人字梯。

➤ 任务准备

【专家提醒】"工欲善其事，必先利其器"，安装之前仔细研究各类装配图样并核对所有配件，做到万无一失；弄懂任务中的要求，看清结构再下手也不迟。

一、材料准备

材料清单见表 1-16。

表 1-16　材料清单

序　号	名　　称	型号规格	数　量	单　位
1	PVC 管	φ16mm	2.2	m
2	PVC 管	φ20mm	2.2	m
3	PVC 杯疏	φ16mm	2	个
4	PVC 杯疏	φ20mm	2	个
5	管卡	φ16mm	10	个
6	管卡	φ20mm	10	个
7	电源插座	P1/P4	2	个
8	白炽灯	L2/L5	2	个
9	分线盒	A1	1	个
10	配电箱	A2	1	个

二、工具准备

常用仪器仪表见表 1-17。

表 1-17　常用仪器仪表

序号	名　　称	参考型号规格	数量	单位	外　　形
1	铝合金人字梯	1.5m	1	架	
2	扁锉	200mm	1	把	
3	钢直尺	1.5m	1	把	
4	直角尺	200mm	1	把	
5	锯弓	常规	1	把	
6	锯条	与 5 配套	5	根	
7	PVC 弯管器	φ16mm	1	套	
8	PVC 弯管器	φ20mm	1	套	
9	手套	带胶的	1	付	
10	安全帽	红色	1	个	
11	铅笔	2B 铅笔	2	根	
12	裁纸刀	简易型	1	个	
13	刀片	与裁纸刀配套	10	片	
14	墨斗	空	1	个	
15	量角器	180°调整式半圆分度规	1	个	
16	钢直尺	3m	1	把	

三、图样准备

将所需的施工图打印出来，为安装方便可将图样悬挂在施工人员可视区域之内，便于读图和识图，如图1-84所示。

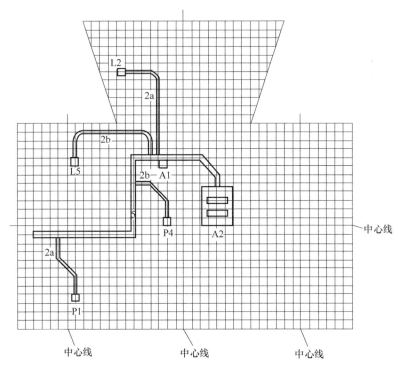

图1-84　PVC管安装图

P1/P4—电源插座　L2/L5—白炽灯　2a—20mmPVC线管　2b—16mmPVC线管　A1—分线盒　A2—配电箱

注：网格尺寸＝100mm。

➤任务实施

一、画网格线

根据安装施工图中规定的要求，PVC管安装在三面墙上，我们先将这三面的基准线找出来，将1.5m和3m钢直尺分别固定在左墙的左边和上边沿水平线内，然后用墨斗弹线，线与线之间的距离均为100mm，网格图画完后的效果如图1-85所示。

二、PVC管位置定位

在装配墙体上网格线划线定位完成后，根据图1-84中的尺寸要求，计算出PVC管的准确位置并标出尺寸。

三、PVC管下料

PVC管有两种规格，4个尺寸，根据角度查表1-15得半径直长 C 值和弯曲长度 L，然后

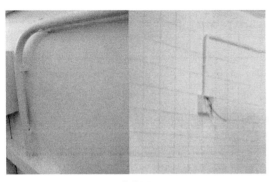
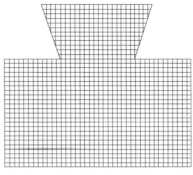

| a) 实物图 | b) 理论图 |

图 1-85 网格线制作

计算出下料长度，然后将下料口的毛刺和灰尘处理干净，见表 1-18。

表 1-18 材料清单

序号	名称	型号规格	α 角度 /(°)	弯曲半径 /mm	下料值 /mm	弯曲长度 展开值/mm	数量	单位
1	PVC 管	$\phi16mm$	45	60	683	47（2 处）	1	根
2	PVC 管	$\phi16mm$	90	100	1384	157（2 处）	1	根
3	PVC 管	$\phi20mm$	90	100	1327	157	1	根
4	PVC 管	$\phi20mm$	45	60	689	47（2 处）	1	根

四、管路预制加工与安装

1. 工艺要求

将 PVC 管（部分管需要）放入带导槽的固定轮与固定杆之间，然后用带活动杆的导槽套住圆管，用固定杆将圆管紧固，然后将弹簧放入需要弯曲的圆管部位，活动杆柄顺时针方向平稳转动。两手边移动边同时用力，用力要缓慢平稳，每次移动稍许，逐渐移动弯管器，直到把管子弯成所需的弧度和角度。明管敷设时，管子曲率半径 $R \geq 4D$；暗管敷设时，管子曲率半径 $R \geq 6D$；且角度 $\geq 90°$。操作时，尽量以较大的半径加以弯曲，弹簧可以保持圆管在一定的范围内不会被弯扁，避免出现死弯或裂痕。

2. 画出弯曲位置

画出弯曲位置后再画出要弯角的位置。先取一根长度为 1384mm 的 $\phi16mm$ 的 PVC 管，依次划出 5 段位置，分别是 200mm、157mm、700mm、157mm、170mm。

3. 弯出角度

正确使用手动弯管器，在出管口处 200mm 的位置，将手动弯管器穿入 PVC 管中，穿线管折弯 90°，管路的弯曲半径至少在 100mm 以内，弯扁度在 175mm 以下。

4. 安装与固定

将弯好的管路两端套入杯疏，然后用管钉卡固定在墙上。

施工完成后的效果如图 1-86 所示。

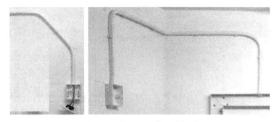

图 1-86　施工完成后的效果

【注意事项】

① 管材要轻拿轻放，以防管路划伤、破损等影响美观。

② 管材加工完成后，应整理现场以便于进行下一步操作。

➤任务测评

【专家提醒】 在施工作业完成后，对施工质量进行检测，检测合格后方可进行下一道作业。

任务评分表见表 1-19。

表 1-19　任务评分表

序号	评分内容	评分标准	配分	得分
1	PVC 管长度	PVC 管长度符合图中要求得 1 分	1 分	
2	PVC 弯管角度	PVC 管角度符合图中要求得 1 分	1 分	
3	PVC 管表面	PVC 管表面光滑干净（无毛刺、无粉尘等现象）得 1 分	1 分	
4	PVC 管接口处	PVC 管接口处与其他器件连接处牢固、无缝得 1 分	1 分	
5	PVC 管固定	PVC 管固定符合标准每做对一处得 0.15 分	3 分	

任务四　盘面布置图与原理图的识读技巧

➤任务目标

1. 熟悉盘面布置图与原理图的绘制规范和标准。

2. 熟练掌握盘面布置图与原理图的识读技能。

3. 了解盘面布置图与原理图识读的基本要求。

➤任务导入

某车间现有一个配电箱，试根据盘面布置图与原理图正确安装器件和接线。

➤知识链接

一、配电箱

照明配电箱是在低压供电系统末端负责完成电能控制、保护、转换和分配的设备。它主要由电线、元器件（包括隔离开关、断路器等）及箱体等组成。照明配电箱广泛用于各种楼宇、广场、车站及工矿企业等场所，作为配电系统的终端电气设备。

照明配电箱按安装方式可分为封闭悬挂式（明装）和嵌入式（暗装）两种。它的结构是箱体、盖板、面板、导轨、中性母线排、接地母线排等部件，如图 1-87 所示。

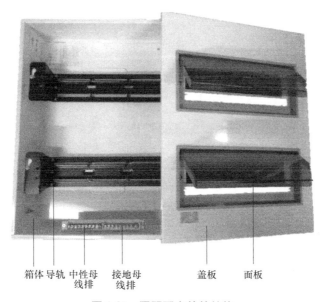

箱体　导轨　中性母　　接地母　　　　　盖板　　面板
　　　　　　　线排　　　线排

图 1-87　照明配电箱的结构

二、断路器

1. 断路器的作用

断路器是一种当电路中流过的电流超过额定电流时就会自动断开的开关。断路器是低压配电网络和电力拖动系统中非常重要的一种电器，它集控制和多种保护功能于一身。除能完成接触和分断电路外，还能对电路或电气设备发生的短路、严重过载及欠电压等进行保护，同时也可以用于不频繁地起动电动机。

2. 断路器的种类

一般家用断路器即指小型断路器，主要型号有 DZ47 系列，主要有 6A、10A、16A、32A、40A、63A 等几个规格，分单极（1P）、两极（2P）、三极（3P）和 4P，其中各种极数的断路器分为带漏电保护和不带漏电保护两种。

（1）1P　单极断路器，单进单出，只接相线不接零线，只断相线，不断零线，用在 200V 的分支回路上。

（2）2P　两极断路器，连接相线和零线，零线和相线都具有保护和双断功能，用在 220V 的总开关或者分支回路中的大功率电器上，多用于对插座的控制。

（3）3P　三极断路器，接三根相线，不接零线，用在 380V 的分支回路电器上。

（4）4P　接 3 根相线，1 根零线，用在 380V 的线路上。

3. 断路器的型号含义

DZ47 系列断路器的型号含义如下：

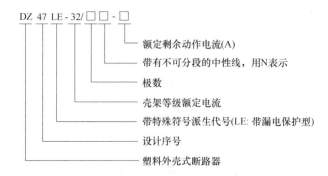

DZ 47 LE - 32/ □ □ - □

- 额定剩余动作电流(A)
- 带有不可分段的中性线，用N表示
- 极数
- 壳架等级额定电流
- 带特殊符号派生代号(LE: 带漏电保护型)
- 设计序号
- 塑料外壳式断路器

三、弹簧式接线端子及相关配件

弹簧式接线端子具有接线方便、搭配灵活等特点，现以 ST 系列弹簧式接线端子为例，相关组件包含弹簧接线端子、弹簧接线端子隔离挡板、导轨末端固定件、接线端子用标记条等，如图 1-88 所示。

弹簧接线端子　　　弹簧接线端子隔离挡板　　　导轨末端固定件　　　接线端子用标记条

图 1-88　弹簧式接线端子及相关配件

➢任务准备

一、材料准备

材料清单见表 1-20。

表 1-20　材料清单

序　号	名　　称	型号规格	数　量	单　位
1	照明配电箱	PZ30-30	1	个
2	断路器	DZ47LE C32 1P+N	1	个
3	断路器	DZ47LE C6 1P	1	个
4	断路器	DZ47LE C16 1P+N	1	个
5	断路器	DZ47LE C10 1P+N	1	个
6	弹簧接线端子	ST2.5 灰色	若干	个
7	弹簧接线端子	ST2.5 蓝色	若干	个
8	弹簧接线端子	ST2.5 黄绿色	若干	个
9	弹簧接线端子隔离挡板	D-JST2.5	若干	个

（续）

序　号	名　称	型号规格	数　量	单　位
10	DIN 导轨末端固定件	E/UKUK	若干	个
11	接线端子用标记条	ZB5，空白	若干	位
12	导线	BVR2.5mm² 红色	若干	m
13	导线	BVR2.5mm² 蓝色	若干	m
14	导线	BVR2.5mm² 黄色	若干	m
15	管状冷压端子	E2508，2.5mm²	若干	只

二、工具准备

剥线钳、压线钳、一字槽螺钉旋具、电动螺钉旋具和电工常用工具等。

三、图样准备

1. 照明接线图

照明接线图如图 1-89 所示。

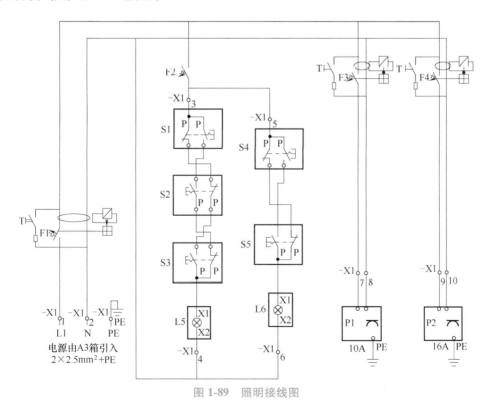

图 1-89　照明接线图

2. 盘面布置图

盘面布置图如图 1-90 所示。

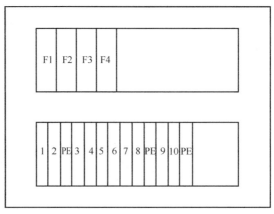

图 1-90　盘面布置图

> 任务实施

　　1）完成断路器及端子排的合理摆放，如图 1-91 所示。

　　2）根据图样要求完成内部线路配线，如图 1-92 所示。

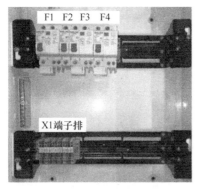

图 1-91　断路器及端子排的选择

图 1-92　线路配线与安装

【注意事项】

①　根据图样选择断路器。

②　根据图样及元器件选择合适的导线。

③　注意端子排标记条的正确书写。

> 任务测评

表 1-21　任务评分表

序号	评分内容	评分标准	配分	得分
1	F1 选择正确	选择 DZ47LE C32 1P+N	0.5 分	
2	F2 选择正确	选择 DZ47LE C6 1P	0.5 分	
3	F3 选择正确	选择 DZ47LE C10 1P+N	0.5 分	
4	F4 选择正确	选择 DZ47LE C16 1P+N	0.5 分	

（续）

序号	评 分 内 容	评 分 标 准	配分	得分
5	箱内布线整齐美观	低于行业标准或没有尝试，零线和地线没有绑扎或绑扎不整齐，且进入器件的导线不垂直，得0分	2分	
		符合行业标准，电线绑扎整齐，但电线有交叉，少部分电线垂直进入器件，得1分		
		高于行业标准，电线绑扎整齐，极少数电线有交叉，大部分电线垂直进入器件，得2分		
6	端子排X1的安装	端子排X1的安装符合图中要求得1分	1分	

任务五　基于电源配电箱与动力电源盒的安装

▷**任务目标**

1. 熟悉配电箱、动力电源盒安装的相关规范和标准。
2. 熟练掌握配电箱、动力电源盒的安装技能。
3. 了解配电箱、动力电源盒的安装工艺与接线要求。

▷**任务导入**

某车间现有一个配电箱、一批动力电缆以及插座等，试根据提供的施工图样并结合安装规范和安装工艺将元器件安装在墙面上。

▷**任务准备**

一、作业条件

墙体结构已弹出施工水平线。

二、材料要求

1）产品进场后的检验。
① 先进行外观检查。箱体应有一定的机械强度，周边平整无损伤，油漆无脱落。
② 进行开箱检验。箱内各种器具应安装牢固，导线排列整齐，压接牢固，二层底板厚度不小于1.5mm，且不得用阻燃型塑料板作为二层底板。
③ 各种断路器进行外观检验、调整及操作试验。
2）配电箱不应采用可燃材料制作；在干燥无尘的场所，采用的木制配电箱应经阻燃处理。
3）镀锌制品（支架、横担、接地极、避雷用型钢等）和外线金具应有出厂合格证和镀锌质量证明书。

三、主要机具

1）铅笔、卷尺、水平尺、钢直尺和线坠等。

2）羊角锤、剥线钳、尖嘴钳、压接钳、手电钻、钻头、开孔器和电工常用工具等。

四、施工图样

施工图样如图 1-93 所示。

五、安装规范

1）配电箱应安装在安全、干燥、易操作的场所。安装配电箱时，其底边距地面一般为 1.5m；明装时底边距地面 1.2m；明装电能表板底边距地面不得小于 1.8m。在同一建筑物内，同类箱体的高度应保持一致，允许偏差为 10mm。

2）铁制配电箱均需先刷一遍防锈漆，再刷两道灰油漆。导线引出面板时，面板线孔应光滑无毛刺，金属面板应装设绝缘保护套。

3）配电箱配线应排列整齐，并绑扎成束，活动部位应加以固定。盘面引出及引进的导线应留有适当裕度，以便于检修。

4）导线剥削处不应伤线芯或线芯过长，导线压头应牢固可靠，多股导线不应盘圈压接，应加装压线端子（有压线孔者除外）。如必须穿孔用顶丝压接时，多股线应涮锡后再压接，不得减少导线股数。

5）导线引出面板时，面板线孔应光滑无毛刺，金属面板应装设绝缘保护套。一般情况下，一个孔只能穿一条导线，但下列情况除外：指示灯配线；控制两个分闸的总闸配线线号相同；一孔进多线的配线。

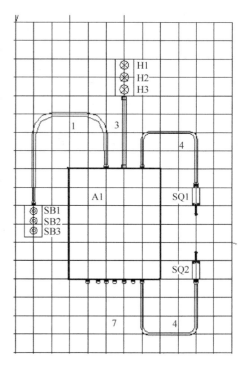

图 1-93　施工图样

1—金属线管（20mm）　3—PVC 管（20mm）
4—PVC 电缆　7—电缆桥架（100mm）
SQ1/SQ2—行程开关　SB1/SB2/SB3—按钮盒
H1/H2/H3—指示灯盒

6）配电箱的盘面上安装的各种刀开关及断路器等，当处于断路状态时，刀片可动部分均不应带电。

7）垂直装设的刀开关及熔断器等电器上端接电源，下端接负荷。横向安装时左侧（面对盘面）接电源，右侧接负荷。

8）配电箱上的电源指示灯，其电源应接至总开关的外侧，并应装单独熔断器（电源侧）。盘面闸具位置应与支路相对应，其下面应装设卡片框，用于标明路别及容量。

9）照明配电箱内的交流、直流或不同电压等级的电源，应具有明显的标志。

10）照明配电箱不应采用可燃材料制作，在干燥无尘场所采用的木制配电箱应经过阻燃处理。

11）照明配电箱内，应分别设置中性线（N 线）和保护地线（PE 线）汇流排，中性线和保护地线应在汇流排上连接，不得绞接，并应有编号。

12）对于照明配电箱内装设的螺旋熔断器，其电源线应接在中间触点的端子上，负荷线应接在带螺纹的端子上。

13）当 PE 线所用材质与相线相同时，应按热稳定要求选择截面积且不小于表 1-22 中的规定值。

表 1-22 PE 线截面积的选择

相线线芯截面积 S/mm^2	PE 线最小截面积/mm^2	相线线芯截面积 S/mm^2	PE 线最小截面积/mm^2
$S \leqslant 16$	S	$S > 35$	$S/2$
$16 \leqslant S \leqslant 35$	16	—	—

注：用本表若得出非标准截面积时，应选用与之最接近的标准截面导体，但不得小于：裸铜线 4mm^2，裸铝线 6mm^2，绝缘铜线 1.5mm^2，绝缘铝线 2.5mm^2。

14）PE 保护地线若不是供电电缆或电缆外护层的组成部分时，按机械强度求，截面积不应小于下列数值：有机械性保护时为 2.5mm^2；无机械性保护时为 4mm^2。

15）配电箱上的小母线应带有黄（L1 相）、绿（L2 相）、红（L3 相）、淡蓝（N 中性线）等颜色，黄绿相间双色线为保护地线。

16）配电箱（盘）上的电器仪表应牢固、平正、整洁、间距均匀、铜端子无松动、启闭灵活，零部件齐全。其电器仪表排列间距应符合表 1-23 中的规定。

表 1-23 排列间距

间 距		最小尺寸/mm	
仪表侧面之间或侧面与盘边		>60	
仪表顶面或出线孔与盘边		>50	
闸具侧面之间或侧面与盘边		>30	
上下出线孔之间		>40（隔有卡片框）	
		>20（未隔卡片框）	
插入式熔断器顶面或底面与出线孔	插入式熔断器规格/A	10~15	>20
		20~30	>30
		60	>50
仪表、胶盖闸顶面或底面与出线孔	导线截面积/mm^2	≤10	80
		16~25	100

17）照明配电箱应安装牢固、平正，其垂直偏差不应大于 3mm；安装时，照明配电箱四周应无空隙，其面板四周边缘应紧贴墙面，箱体与建筑物、构筑物接触部分应涂防腐漆。

18）固定面板的螺丝，应采用镀锌圆帽螺丝，其间距不得大于 250mm，并应均匀地对称于四角。

19）配电箱面板较大时，应加强衬铁，当宽度超过 500mm 时，箱门应采用双开门。

20）配电箱如装有超过 50V 电气设备可开启的门、活动面板、活动台面等，必须用裸铜软线与接地良好的金属构架进行可靠连接。

➤**任务实施**

【**专家提醒**】进入车间或危险区域，穿绝缘鞋、防护衣，戴绝缘手套和安全帽，在保证人身安全的情况下进行操作。

1）首先根据施工图样，加工或准备好支架、配电箱等。

2）使用划线斗按照设计弹出正确的水平线或垂直线，确定配电箱的安装位置，标出固定孔位。

3）选择合适的钻头，安装在手电钻上并锁紧，根据膨胀螺栓的长度来确定需打孔的深度。

4）使用羊角锤将塑料膨胀塞轻轻打入墙体，采用膨胀螺栓固定，将支架安装在墙体上，应确保横平竖直，如图 1-94 所示。

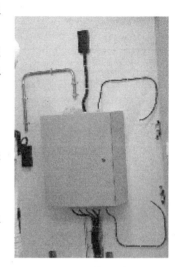

图 1-94　施工过程

【注意事项】

① 配电箱安装应符合国家规定的相关标准和规范。

② 配电箱内，有交、直流或不同电压时，应有明显的标志或分设在单独的面板上。

③ 导线引出面板时，均应套设绝缘管。

④ 配电箱安装完毕，位置应正确，部件应齐全，且箱体开口合适，切口整齐。

⑤ 暗装配电箱箱盖应紧贴墙面。

⑥ 配电箱防腐部分，必须均应涂漆无遗漏，保持箱内外的清洁。

⑦ 配电箱高度在 50cm 以下时，允许偏差为 1.5mm；配电箱体高在 50cm 以上时，允许偏差为 3mm。

任务测评

【专家提醒】在施工作业完成后，对施工质量进行检测，检测合格后方可进行下一道作业。

任务评分表见表 1-24。

表 1-24　任务评分表

序号	评分内容	评分标准	配分	得分
1	配电箱的安装	配电箱的安装符合图中要求得 3 分	3 分	
2	线缆的安装	线缆的安装符合图中要求得 1 分	1 分	
3	盒体的安装	盒体的安装符合图中要求得 1 分	1 分	

任务六　基于线槽、线管、线缆的安装技能

任务目标

1. 熟练使用切割机。

2. 掌握线槽、线管、线缆的敷设工艺。

▷**任务导入**

某一建筑物基础设施已完成，现需要对室内的线槽、金属管和线缆进行安装，试根据施工图样及相关要求完成相应的作业。

▷**知识链接**

一、PVC 线槽

1. PVC 设计原则与原理

PVC 材料具有阻燃、绝缘及耐腐蚀等优良的综合性能，同时由于其原料来源广、价格低廉的优点，被广泛应用于工业、农业、建筑、化工等领域，是当今世界应用最多的通用塑料之一。但是，普通 PVC 材料由于其热稳定性差、冲击强度主低温脆性等特点，其应用范围受到较大限制。因此，研究人员需要对其进行大量改性研究，以满足不同使用条件下的需求。国内外自 20 世纪 70 年代起开始大规模开展 PVC 增韧性的研究，人们采用了弹性体共混、纳米粒子填充、纤维增强、弹性体、纳米粒子复合材料增韧等方法对其进行改性，进一步拓宽了其应用领域。

（1）PVC 设计原则　要在以下三个方面进行性能平衡。

1）材料的加工性能：熔体的黏度、热稳定性、流变性和润滑性。

2）制品的性能：力学性能、热变性温度、透明、耐候、阻燃等。

3）经济性：价格、配方、生产效率和成品率。

（2）PVC 设计原理　PVC 塑料配方主要由 PVC 树脂和添加剂组成，其中添加剂按功能又分为：增塑剂、热稳定剂、润滑剂、加工改进剂、冲击改性剂、填充剂、抗氧剂、紫外光吸收剂、着色剂、发泡剂等。

2. 常规 PVC 线槽的主要性能

（1）产品材质　采用低卤素硬质 PVC 材料制成，环保无污染，不含铅等有毒物。

（2）产品认证　美国 UL：E306674，欧洲 CE，欧洲环保 RoHS、REACH，铁道阻燃低烟。

（3）防火等级　UL94V-0，低烟微卤，遇火不燃烧，防火性及绝缘性佳。

（4）产品构造　由槽底及槽盖组成，底槽两侧设有出线孔。

（5）颜色　有灰色、白色、蓝色和黑色等几种。

（6）工作温度　静态-40℃持续高温至65℃，短时间可达85℃。

（7）使用方法　先将底槽固定，将所要配的线装入槽内，盖上槽盖即可。

（8）产品特性

1）反扣式槽盖与槽体设计组合后绝不脱落，且接合面平滑，不割伤手及附近的配线。

2）配线槽65℃内不易断裂、变形、变色，装配省时便利。

3）出线孔低、组合容易、拆卸简单、易于配线。

二、金属管的敷设

1. 管路施工标准

1）切断管材：小管径可使用剪管器、大管径使用手锯锯断，断口后将管口锉平齐。

2）敷设管路：先将管卡一端的螺钉（栓）拧紧一半，然后将管敷设于管卡内，逐个拧紧。

3）支架、吊架安装：它们的位置应正确、间距应均匀、管卡应平正牢固；埋入支架应有燕尾，埋入深度不应小于120mm，用螺栓穿墙固定时，背后加垫圈和弹簧垫用螺母紧固。

4）管材水平敷设要求：高度应不低于2m；垂直敷设要求：不低于1.5m（1.5m以下应加保护管保护）。

5）如无法加装接线盒时，应将管材直径加大一号。

6）支架、吊架及敷设在墙上的管卡固定点与盒、箱边缘的距离为150~300mm，管路中间距离见表1-25。

表1-25　管路中间距离

安装方式	支架间距/mm			允许偏差/mm
	管径20mm	管径25~40mm	管径50mm	
垂直	1000	1500	2000	30
水平	800	1200	1500	20

7）配线与管道间最小距离见表1-26。

表1-26　配线与管道间最小距离

管道名称		最小距离/mm	
		穿管配线	绝缘导线明配线
蒸汽管	平行	1000（500）	1000（500）
	交叉	300	300
暖、热水管	平行	300（200）	300（200）
	交叉	100	100
通风、上下水压缩空气管	平行	100	200
	交叉	50	100

注：通电之前，表内有括号者为管道下边的数据。

8）管路连接：

① 管口应平整光滑；管与管、管与盒（箱）等器件应采用插入法连接，连接时采用杯疏对接。

② 管与管之间采用套管连接时，套管长度宜为管外径的1.5~3倍，管与管的对口应位于套管中间处且保持平齐。

③ 管与器件连接时，插入深度宜为管外径的1.1~1.8倍。

9）管路敷设：

① 配管及支架、吊架应安装平直、牢固、排列整齐；管子弯曲处，无明显折皱、凹扁现象。

② 弯曲半径和弯扁度应符合规定。

10）PVC管与钢管连接。PVC管引出地面一段，可以使用一节钢管引出，需制作合适的过渡专用接箍，并把钢管接箍埋在混凝土中，钢管外壳作接地或接零保护。

11）管路入盒连接。管路进入盒、箱时一律采用端接头与内锁母连接，要求平整、牢固。向下方管口连接时采用端帽护口，防止异物堵塞管路。

2. 相关质量标准

1）盒、箱设置正确，固定可靠，管子插入盒、箱时，使用杯疏对接。采用端接与内锁母时，应拧紧盒壁不松动。检查方法：观察和尺量检查。

2）管路保护应符合以下规定：穿过变形缝时应设有补偿系统，补偿系统能活动自如；穿过建筑物和设备基础处时应加保护管；补偿系统应平整，管口光滑、内锁母与管子连接可靠；加套保护管在隐蔽工程施工记录中应标示正确。检查方法：观察并检查隐蔽工程施工记录。

3. 允许偏差项目

硬质（PVC）塑料管弯曲半径安装的允许偏差和检验方法应符合表 1-27 中的规定。

表 1-27 允许偏差与检验方法

序号	项 目			检 验 方 法
1	管子最小弯曲半径	暗配管		$\geq 6D$	尺量检查及检查安全记录
		明配管	管子只有一个弯	$\geq 4D$	
			管子有两个以上弯	$\geq 6D$	
2	管子弯曲处的弯曲度			$\leq 0.1D$	尺量检查
3	明配管固定点间距/mm	$\phi 15 \sim \phi 20mm$		30mm	尺量检查
		$\phi 25 \sim \phi 30mm$		40mm	
		$\phi 40 \sim \phi 50mm$		50mm	
		$\phi 65 \sim \phi 100mm$		60mm	
4	明配管水平、垂直敷设任意2m段内	平直度		3mm	接线、尺量检查
		垂直度		3mm	吊线、尺量检查

注：D 为管子外径。

➤ **任务准备**

图 1-95 所示为线槽、线管、线缆展开施工图。

图 1-95 中所有线槽、线管、线缆需要布置在三面立体墙，即左、中、右，上面"梯形"形状是天花板部分。

➤ **任务实施**

【专家提醒】进入车间或危险区域，穿绝缘鞋、防护衣，戴绝缘手套和安全帽，在保证人身安全的情况下进行操作。

一、线槽的安装

1. 熟悉施工图

由图 1-96 可知，需要的施工材料有：两种线槽、3 个墙壁开关、1 个分线盒、1 件照明配电箱，其相关信息见表 1-28。

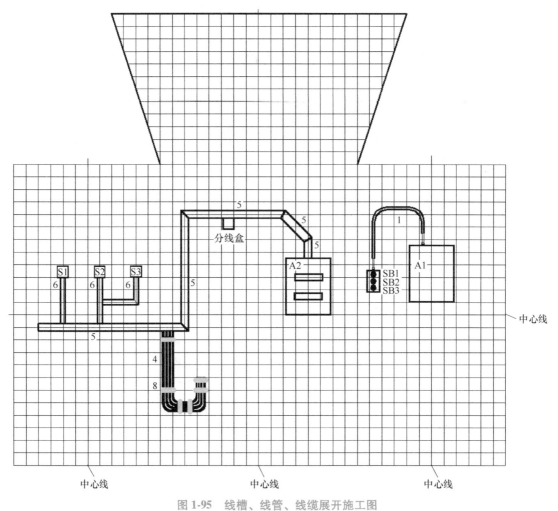

图 1-95   线槽、线管、线缆展开施工图

1—金属管   4—护套线缆   5—PVC6040 线槽   6—PVC4020 线槽   8—护套线卡

S1~S3—墙壁开关   A1—控制配电箱   A2—照明配电箱

注：网格尺寸=100mm。

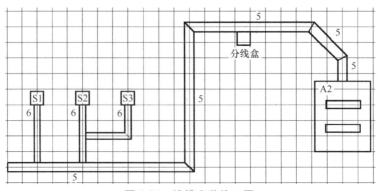

图 1-96   线槽安装施工图

施工要求如下：

① 槽下料长度控制在±0.05mm。

② 槽与槽之间无缝连接，角度为45°。

③ 槽与第三方元器件之间的衔接IP4等级。

2. 器材准备

按照图1-96选择所需要的各种器材，见表1-28。

表1-28　施工材料清单

序号	名　　称	代　号	型　　号	数　　量
1	PVC线槽	5	60mm×40mm	3.4 m
2		6	40mm×20mm	1.4m
3	墙壁开关	S1~S3	国标	3个
4	照明配电箱	A2	—	1件
5	自攻螺钉	—	M3×20	22个

3. 工具准备

常见工具见表1-2。

4. 安装施工

（1）线槽的独立安装　主要分为划线定位、线槽加工、线槽固定。

1）划线定位：根据图1-96中规定的要求，在平台墙体上进行划线定位，按弹出的水平线用小线和水平尺测量出线槽的准确位置并标出尺寸。

2）线槽加工：使用砂轮切割机，将线槽切割成所需要的长度及角度（一般为45°）。

3）线槽固定：用自攻螺钉固定线槽，先固定两端，再固定中间。

（2）线槽与第三方器件的固定　先固定第三方器件，如本案例中要先安装照明配电箱、分线盒、墙壁开关（此三件没有先后次序），然后再安装主干线槽，最后安装分支线槽。

【注意事项】

① 线槽连接要紧密，端口要光滑。

② 安装允许偏差、固定螺钉等符合相关操作规范。

二、护套线缆的敷设

1. 熟悉护套线缆安装施工图

图1-97中护套线缆的出口与入口均要穿护套管，安装定型时需要用护套线卡，可以单根安装，也可以多根并行安装。

2. 器材准备

按照图1-97选择所需要的各种器材，见表1-29。

表1-29　施工材料清单

序号	名　　称	代　号	型　　号	数　　量
1	护套线缆	4	φ16mm	4m
2	护套线卡	8	φ16mm	24只
3		8	φ70mm	6只
4	护套防水接头	—	φ22mm	4个

3. 安装施工

（1）划线定位　根据图 1-97 中规定的要求，在平台墙体上进行划线定位，按弹出的水平线用小线和水平尺测量出护套线的准确位置并标出尺寸。

（2）护套线加工　使用斜口钳，将护套线剪成所需的长度。

（3）护套线固定　用护套线卡固定护套线，在拐弯处将电缆弯成 45°的形状。

三、管路的安装

1. 熟悉施工图

管路安装施工图如图 1-98 所示。

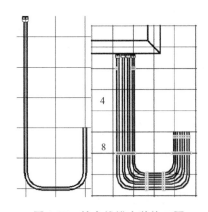

图 1-97　护套线缆安装施工图

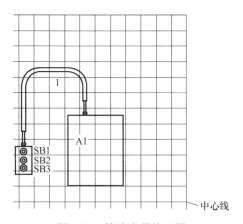

图 1-98　管路安装施工图

2. 选择器材

按照图 1-98 选择所需要的各种器材，见表 1-30。

表 1-30　施工材料清单

序　号	名　　称	代　号	型　号	数　量
1	金属管	1	φ16	4m
2	管卡	8	φ20	24 只
3	86 型开关盒	SB1~SB3	有三个 φ22 的孔	1 只
4	控制配电箱	A1	φ22	4 个
5	自攻螺钉	M3	M3×15	4 个
6	安装螺钉	M4	M8×30	4 个

3. 管路预制加工

（1）护套线加工　将护套线剪成所需的长度。

（2）测定 86 型暗盒位置　按照图样测出 86 型开关盒的准确位置。

（3）管路连接　将加工好的各种管材，按照图样连接好。

（4）管路固定　用各种管材配套的固定器材将管路固定。

【注意事项】

① 开关盒与线槽的接口要对正。

② 各种固定器材的位置和间距要标准。

③ 管卡固定时，确保横平竖直，不得出现倾斜。

▶任务测评（见表 1-31）

【专家提醒】在施工作业完成后，对施工质量进行检测，检测合格后方可进行下一道作业。

表 1-31　任务评分表

序号	评分内容	评分标准	配分	得分
1	线槽的安装	线槽的安装符合图中要求，共 9 处，每处 0.3 分，得 2.7 分	2.7 分	
2	线缆的安装	线缆的安装符合图中的要求，穿护套管每处 0.1 分，角度正确每处 0.1 分，护套卡每处 0.1 分，共 36 处，得 3.6 分	3.6 分	
3	管路的安装	管路的安装符合图中要求，长度、弯曲角度和管卡安装，共 6 处，每处 0.2 分，得 1.2 分	1.2 分	

任务七　基于照明配电箱及灯座的安装技能

▶任务目标

1. 熟练使用各种电工工具。
2. 掌握白炽灯线路的安装和布线。

▶任务导入

某写字间需要安装照明配电箱和灯座，试根据提供的施工图样并结合安装规范和安装工艺将其安装到墙壁上。

▶任务准备

一、作业条件

墙体结构已弹出施工水平线。

二、主要机具

斜口钳、手动弯管器、钢直尺、钢卷尺、角度尺、锯弓、锯条和螺钉旋具等。

三、施工图样

图 1-99 所示为白炽灯照明线路。

四、选择器材

按照图 1-99 选择所需要的各种器材，见表 1-32。

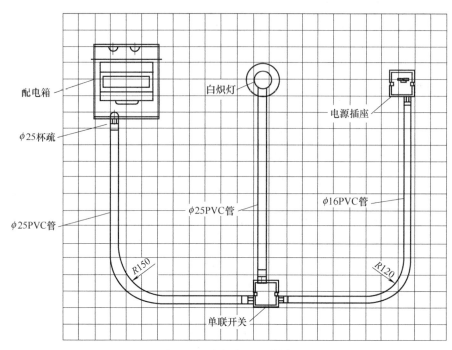

图 1-99   白炽灯照明线路

表 1-32   施工材料清单

序　号	名　称	型号规格	数　量	单　位
1	PVC 管	φ16mm	1.5	m
2	PVC 管	φ25mm	2.5	m
3	PVC 杯疏	φ16mm	2	个
4	PVC 杯疏	φ25mm	3	个
5	暗盒	86 型	2	只
6	配电箱		1	只
7	剩余电流断路器	DZ47-LE-2P-25A	1	只
8	断路器	DZ47-1P-3A	2	只
9	平灯座	螺口型	1	只
10	白炽灯泡	220V/40W	1	只
11	圆木		1	只
12	单联开关	CD200-DG86K2	1	只
13	电源插座	DG862K1	1	只

➤任务实施

【专家提醒】进入车间或危险区域，穿绝缘鞋、防护衣，戴绝缘手套和安全帽，在保证人身安全的情况下进行操作。

1）根据施工图画出网格图。

2）在网格区域内标定各元器件的安装位置以及电缆敷设路径等。

3）在电气装置平台墙体上，将所有的固定点打好安装孔。

4）对 PVC 管下料，然后进行角度弯曲并符合施工图中的要求。

5）安装配电箱、电源插座、白炽灯座、串联开关。

6）将已取出的配电箱内安装板进行盘面布置，然后定位、打孔、安装并布线，箱体内只安装剩余电流断路器 1 只和断路器 2 只，如图 1-100 所示。

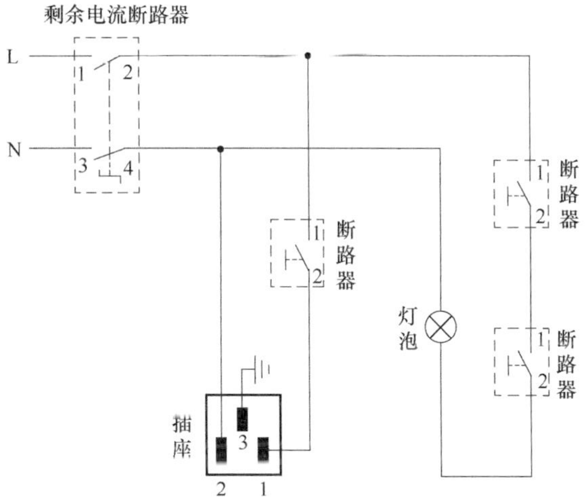

7）对串联开关、电源插座、白炽灯均预留两根导线，然后分别穿入已加工成形的 PVC 管中。

8）用相应的 PVC 杯疏将 PVC 管和串联开关、电源插座、白炽灯盒连接起来，然后用管卡将 PVC 管按照安装规范进行固定。

9）根据图 1-100 所示原理图敷设导线。

图 1-100　白炽灯照明线路原理图

10）按照车间相关管理原则，对安装区域进行整理、整顿、清洁、清扫等相关工作。

11）将灯泡安装在灯座上，给配电箱上盖，给插座外壳上盖。

> **任务测评**

【专家提醒】 在施工作业完成后，对施工质量进行检测，检测合格后方可进行下一道作业。

任务评分表见表 1-33。

表 1-33　任务评分表

序号	评分内容	评分标准	配分	得分
1	配电箱的安装	配电箱的安装符合图中要求得 3 分	3 分	
2	线缆的安装	线缆的安装符合图中要求得 1 分	1 分	
3	盒体的安装	盒体的安装符合图中要求得 1 分	1 分	

任务八　基于荧光灯照明线路的安装技能

> **任务目标**

1. 熟练使用各种电工工具。

2. 掌握荧光灯照明线路的安装和布线。

➤任务导入

　　某办公室新采购一批照明灯，现需对其进行施工，试按照施工要求安装在指定的位置上。

➤知识链接

一、荧光灯

　　荧光灯正常发光时灯管两端只允许通过较低的电流，所以加在灯管上的电压略低于电源电压，但是荧光灯开始工作时需要一个较高的击穿电压，所以在电路中加入了镇流器，这样不仅可以在荧光灯启动时产生较高的电压，同时可以在荧光灯工作时稳定电流。

二、主要组成

1. 镇流器
镇流器是一个带铁心的自感线圈，自感系数很大。

2. 辉光启动器
辉光启动器主要是一个充有氖气的小氖泡，里面装有两个电极，一个是静触片，一个是由两种膨胀系数不同的金属制成的 U 形动触片（对于双层金属片，当温度升高时，因两层金属片的膨胀系数不同，且内层膨胀系数比外层膨胀系数高，所以动触片在受热后会向外伸展）。

三、工作原理

　　在图 1-101a 所示的电路中，当开关接通的时候，电源电压立即通过镇流器和灯管灯丝加到辉光启动器的两极。220V 的电压立即使辉光启动器内的惰性气体电离，产生辉光放电。辉光放电的热量使双金属片受热膨胀，辉光产生的热量使 U 形动触片膨胀伸长，与静触片接通，于是镇流器线圈和灯管中的灯丝就有电流通过。电流通过镇流器、辉光启动器触极和两端灯丝构成通路。灯丝很快被电流加热，发射出大量电子。这时，由于辉光启动器两极闭合，两极间电压为零，辉光放电消失，管内温度降低；双金属片自动复位，两极断开。在两极断开的瞬间，电路电流突然切断，镇流器产生很大的自感电动势，与电源电压叠加后作用于灯管两端。灯丝受热时发射出来的大量电子，在灯管两端高电压作用下，以极大的速度由低电动势端向高电动势端运动。在加速运动的过程中，碰撞管内氩气分子，使之迅速电离。氩气电离生热，热量使水银产生蒸气，随之水银蒸气也被电离，并发出强烈的紫外线。在紫外线的激发下，管壁内的荧光粉发出近乎白色的可见光。

　　荧光灯正常发光后，由于交流电不断通过镇流器的线圈，线圈中产生自感电动势，自感电动势阻碍线圈中的电流变化。镇流器起到降压限流的作用，使电流稳定在灯管的额定电流范围内，灯管两端电压也稳定在额定工作电压范围内。由于这个电压低于辉光启动器的电离电压，所以并联在两端的辉光启动器也就不再起作用了，如图 1-101b 所示。

　　镇流器在启动时产生瞬时高压，在正常工作时起降压限流作用；辉光启动器中电容器的作用是避免产生电火花。

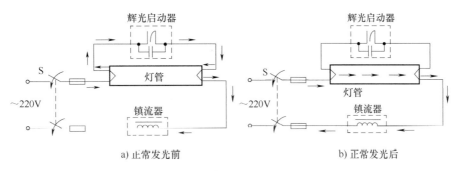

a) 正常发光前　　　　　　　　　　　b) 正常发光后

图 1-101　荧光灯照明原理图

四、发光原理

荧光灯灯管通电后为什么会发光？每种原子的电子都有不同的能级，主要取决于几个因素，包括它们的速度和离原子核的距离。不同能量等级的电子占有不同的轨道。通常来说，有着高能量的电子就会离原子核更远。当原子吸收或释放能量的时候，电子就会在低轨道和高轨道之间移动。原子吸收能量后电子可以跃迁到一个更高的轨道（远离原子核），由于电子在高能级不稳定，所以会自发地回到较低轨道，这时电子就以光子的形式放出额外的能量。发光的波长取决于有多少能量被释放出来，这也就取决于电子所在的轨道位置。因此，不同种类的原子就会释放出不同频率的光子，这几乎是所有光源最基本的工作机制。荧光灯的中心元件是一个密封的玻璃管，管内含有少量水银和惰性气体，通常是氩气，通过惰性气体保护汞蒸气不会发生化学反应。灯管内壁涂有荧光物质。

当灯管内的惰性气体在高压下电离后，形成气体导电电流，运动的气体离子在与汞原子碰撞作用之间不断地给了汞原子能量，使得汞原子的核外电子总能从低轨道跃迁到高轨道，之后汞原子的核外电子由于具有较高的能量会自发地再从高轨道向低轨道（或基态）跃迁，以光子的形式向外释放能量，同时由于汞原子的原子特征谱线大部分集中在紫外区域，由此可知，汞原子释放出来的光子大部分在紫外区域，这些高能量的光子（紫外线）在和荧光物质的撞击之间产生了白光。

➤任务准备

一、熟悉施工图样

图 1-102 所示为荧光灯安装施工图。

二、工具准备

斜口钳、手动弯管器、钢直尺、钢卷尺、角度尺、锯弓、锯条和螺钉旋具等。

三、施工材料准备

根据图 1-102 准备施工材料，见表 1-34。

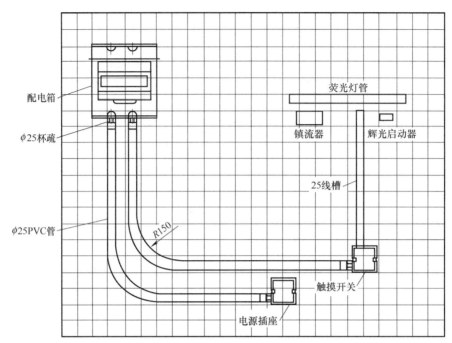

图 1-102　荧光灯安装施工图

表 1-34　施工材料清单

序　号	名　称	型号规格	数　量	单　位
1	PVC 管	φ25mm	2.5	m
2	PVC 杯疏	φ25mm	3	m
3	线槽	4020	0.5	个
4	暗盒	86 型	2	个
5	配电箱	CDPZ50M8	1	只
6	剩余电流断路器	DZ47-LE-1P+N-10A	1	只
7	断路器	DZ47-1P-3A	2	只
8	荧光灯		1	只
9	辉光启动器		1	只
10	镇流器		1	只
11	触摸开关	CD200-D86M	1	只
12	电源插座	DG862K1	1	只

➤任务实施

【专家提醒】进入车间或危险区域，穿绝缘鞋、防护衣，戴绝缘手套和安全帽，在保证人身安全的情况下进行操作。

1）先将配电箱内的各器件安装到位。

2）根据图 1-102 确定电器的安装位置及导线敷设途径等。

3）在模拟墙体上，将所有的固定点打好安装孔。

4）装设管卡、PVC 管及各种安装支架等。

5）安装灯具和电器，将灯泡及开关插座面板等固定安装。

6）敷设导线，根据图 1-103 敷设导线。

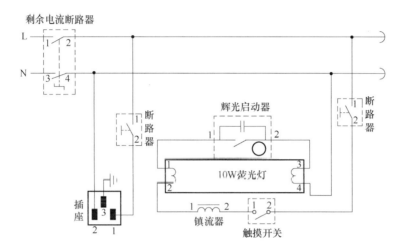

图 1-103　荧光灯原理图

➤ 任务测评

【专家提醒】在施工作业完成后，对施工质量进行检测，检测合格后方可进行下一道作业。

任务评分表见表 1-35。

表 1-35　任务评分表

序号	评分内容	评分标准	配分	得分
1	配电箱的安装	配电箱的安装符合图中要求得 1 分	1 分	
2	PVC 管的安装	PVC 管的下料长度、弯角度、管卡、电线穿线正确，得 1.5 分	1.5 分	
3	电源插座的安装	电源插座的安装符合图中要求得 0.5 分	0.5 分	
4	触摸开关的安装	触摸开关的安装符合图中要求得 0.5 分	0.5 分	
5	荧光灯管的安装	荧光灯管的安装符合图中要求得 0.5 分	0.5 分	
6	镇流器的安装	镇流器的安装符合图中要求得 0.25 分	0.25 分	
7	辉光启动器的安装	辉光启动器的安装符合图中要求得 0.25 分	0.25 分	

任务九　双控照明线路能力提升训练

▷任务目标

1. 熟练使用各种电工工具。
2. 掌握照明线路中双控线路的安装和布线。

▷任务导入

某办公室新采购一批照明灯，现需要对其进行施工安装，试按照施工要求将照明灯安装在指定的位置上。

▷任务准备

一、熟悉施工图样

图 1-104 所示为双控照明线路安装施工图。

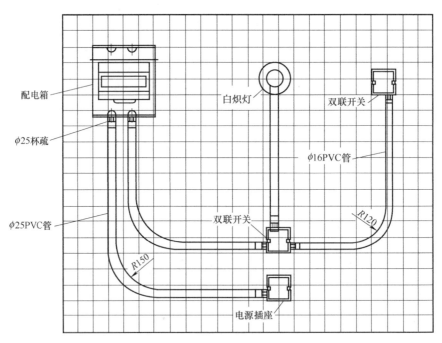

图 1-104　双控照明线路安装施工图

二、工具准备

斜口钳、手动弯管器、钢直尺、钢卷尺、角度尺、锯弓、锯条和螺钉旋具等。

三、施工材料准备

根据图 1-104 准备施工材料，见表 1-36。

表 1-36 施工材料清单

序　号	名　称	型号规格	数　量	单　位
1	PVC 管	φ20mm	3	m
2	PVC 管	φ16mm	1	m
3	PVC 杯疏	φ20mm	5	个
4	PVC 杯疏	φ16mm	2	个
5	暗盒	86 型	3	只
6	配电箱	CDPZ50M8	1	只
7	剩余电流断路器	DZ47-LE-1P+N-10A	1	只
8	断路器	DZ47-1P-3A	2	只
9	平灯座	螺口型	1	只
10	白炽灯泡	220V/40W	1	只
11	圆木	标配	1	只
12	双联开关	CD200-DG862K2	2	只
13	电源插座	三孔	1	只

➤ **任务实施**

【专家提醒】进入车间或危险区域，穿绝缘鞋、防护衣，戴绝缘手套和安全帽，在保证人身安全的情况下进行操作。

1）先将配电箱内的各器件安装到位。

2）根据图 1-104 确定电器的安装位置及导线敷设途径等。

3）在模拟墙体上，将所有的固定点打好安装孔。

4）装设管卡、PVC 管及各种安装支架等。

5）安装灯具和电器，将灯泡及开关插座面板等固定安装。

6）敷设导线，根据图 1-105 所示原理图敷设导线。

➤ **任务测评**

【专家提醒】在施工作业完成后，对施工质量进行检测，检测合格后方可进行下一道作业。

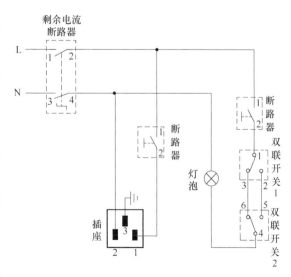

图 1-105 双控照明线路原理图

任务评分表见表 1-37。

表 1-37 任务评分表

序号	评分内容	评分标准	配分	得分
1	配电箱的安装	配电箱的安装符合图中要求得 1 分	1 分	
2	PVC 管的安装	PVC 管的下料长度、弯角度、管卡、电线穿线正确，得 1.5 分	1.5 分	
3	电源插座的安装	电源插座的安装符合图中要求得 0.5 分	0.5 分	
4	双联开关的安装	双联开关的安装符合图中要求得 0.5 分	0.5 分	
5	灯泡的安装	灯泡的安装符合图中要求得 0.5 分	0.5 分	

任务十 数码分段开关控制灯的能力提升训练

➤任务目标

1. 熟练使用各种电工工具。
2. 掌握数码分段开关控制灯的安装和布线。

➤任务导入

某小区住宅客厅利用数码分段开关控制多功能吊灯的开断，试根据提供的施工图并结合安装规范和安装工艺将吊灯安装到墙壁上。

➤任务准备

一、作业条件

墙体结构上已画出施工水平线。

二、主要机具

斜口钳、手动弯管器、钢直尺、钢卷尺、角度尺、锯弓、锯条、螺钉旋具和手电钻等。

三、施工图样

图 1-106 所示为数码分段开关控制灯线路施工图。

四、选择器材

按照图 1-106 选择所需要的各种器材，见表 1-38。

➤任务实施

【专家提醒】进入车间或危险区域，穿绝缘鞋、防护衣、戴绝缘手套和安全帽，在保证人身安全的情况下进行操作。

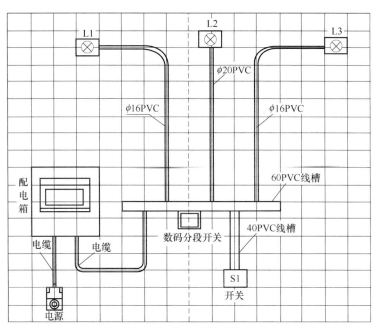

图 1-106 数码分段开关控制灯线路施工图

表 1-38 施工材料清单

序 号	名 称	型号规格	数 量	单 位
1	PVC 管	φ16mm	1.5	m
2	PVC 管	φ20mm	3.5	m
3	PVC 杯疏	φ16mm	2	个
4	PVC 杯疏	φ20mm	6	个
5	PVC 线槽	60 型	1	m
6	PVC 线槽	40 型	0.5	m
7	电缆	两芯电缆	2	m
8	剩余电流断路器	DZ47-LE-2P-25A	1	只
9	86 型暗盒	DZ47-1P-3A	4	只
10	单联开关	CD200-DG86K2	1	只
11	白炽灯泡	220V/40W	3	只
12	平灯座	螺口型	3	只
13	电源插座	DG862K1、5 孔	1	只
14	配电箱	标准	1	只
15	数码分段开关	数码	1	个
16	多股软导线	BVR1.5mm^2	10	m

1）根据施工图画出网格图。

2）在网格区域内标定各元器件的安装位置以及电缆敷设路径等。

3）照图安装终端（86 型暗盒）灯座盒和单联开关盒、配电箱盒。

4）按要求配料 PVC 线槽（60 型、40 型），要求尺寸准确。

5）对 PVC 管下料然后进行角度弯曲符合图中要求，用相应的杯疏连接到相应的终端（灯座 86 型暗盒）。

6）在 60 型 PVC 线槽下，按尺寸安装空白明盒（放数码分段开关）。

7）将已取出配电箱内的安装板进行盘面布置，然后定位、打孔、安装并布线，箱体内只安装剩余电流断路器 1 只。

8）分别选取三只白炽灯电源接头任意一头相互跳接，引出线穿入加工成形的 PVC 管，引到空白开关盒位置；三只白炽灯各剩下的接头，分别引线穿入加工成形的 PVC 管，也引入空白明盒。

9）配电箱内，剩余电流断路器引出线，其中相线穿入加工成形的 φ16PVC 管，经过 60 线槽和 40 线槽，引入 S1 开关盒（86 型暗盒），连接开关进线端，出线端用导线穿过成形的 40 线槽和 60 线槽引入空白开关盒（数码分段开关盒），漏电保护开关零线直接经过已加工完成的 φ16PVC 管和 60PVC 线槽引入空白开关盒（数码分段开关盒）。

10）根据图 1-107，把之前引入空白开关盒（数码分段开关盒）的所有导线连接起来。

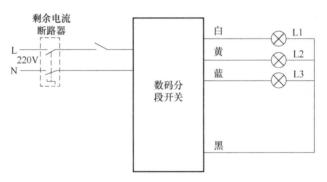

图 1-107　数码分段开关控制灯线路原理图

11）将灯泡安装在灯座上，给配电箱上盖，给插座外壳上盖。

12）按照车间相关管理原则，对安装区域进行整理、整顿、清洁、清扫等相关工作。

➤任务测评

【专家提醒】在施工作业完成后，对施工质量进行检测，检测合格后方可进行下一道作业。

任务评分表见表 1-39。

表 1-39　任务评分表

序号	评分内容	评分标准	配分	得分
1	配电箱的安装	配电箱的安装符合图中要求得 3 分	3 分	
2	86 型明盒的安装	尺寸及水平度符合要求得 3 分	3 分	

（续）

序号	评分内容	评分标准	配分	得分
3	PVC管的安装	按照图样按要求加工符合要求得4分	4分	
4	PVC线槽的安装	尺寸及水平度符合要求得4分	4分	
5	调试	数码分段开关能分段控制三盏白炽灯符合要求得3分	3分	

任务十一　三个开关控制一盏灯和插座的能力提升训练

➤任务目标

1. 熟悉配电箱、开关、照明线路、灯、插座、明盒安装的相关规范与标准。
2. 熟练掌握配电箱、照明线路设计安装、明盒的安装技能。
3. 熟练使用各种电工工具及量具。
4. 了解配电箱、照明线路设计、明盒的安装工艺及要求。

➤任务导入

某房间现有一个配电箱、导线、开关、灯、插座等元器件，试根据提供的施工图并结合安装规范和安装工艺将其安装到墙壁上，以实现三地控制一盏灯，并安装插座，使其正常通电。

➤任务准备

一、作业条件

墙体结构上已弹出施工水平线。

二、材料要求

1）产品进场后的检查与验收：

① 先进行外观及内部检查，箱体应有一定的机械强度，周边平整无损伤，油漆无脱落。

② 开箱检验：箱内各种器具应安装牢固，导线排列整齐，压接牢固，二层底板厚度不小于1.5mm且不得用阻燃型塑料板制作二层底板。

③ 各种断路器进行外观检验，调整及操作试验。

2）配电箱不应采用可燃材料制作；在干燥无尘的场所，采用的木制配电箱应经阻燃处理。

3）镀锌制品（支架、横担、接地极、避雷用型钢等）和外线金具应有出厂合格证和镀锌质量证明书。

4）所有的元器件在安装前必须检查，多股导线的绝缘层是否损坏、万用表检查开关是否能正常通断，灯座及插座的好坏等。

三、主要机具

1）铅笔、卷尺、水平尺、钢直尺和线坠等。

2）羊角锤、剥线钳、尖嘴钳、压接钳、手电钻、钻头、开孔器和螺钉旋具等。

3）劳保防护用品，如：护目镜、绝缘手套、绝缘鞋和耳塞等。

四、施工图样

图 1-108 所示为三个开关控制一盏灯和插座线路施工图。

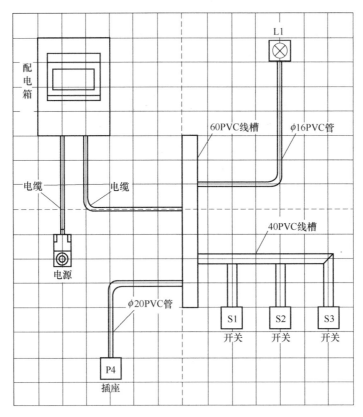

图 1-108　三个开关控制一盏灯和插座线路施工图

五、选择器材

按照图 1-108 选择所需要的各种器材，见表 1-40。

表 1-40　施工材料清单

序　号	名　称	型号规格	数　量	单　位
1	PVC 管	$\phi16$mm	1.5	m
2	行线槽	40mm×20mm	2	m
3	行线槽	60mm×40mm	1	m
4	PVC 杯疏	$\phi16$mm、$\phi20$mm	各 2	个
5	单控开关	墙壁式	2	个

（续）

序　号	名　称	型号规格	数　量	单　位
6	中途制开关		1	个
7	86 型明盒	86mm×86mm×30mm	5	只
8	照明配电箱	标准	1	只
9	剩余电流断路器	DZ47-LE-2P-25A	1	只
10	断路器	DZ47-1P-3A	2	只
11	螺口平灯座	螺口型	1	只
12	白炽灯泡	220V/40W	1	只
13	电源插座	DG862K1、5 孔	1	只
14	多股软导线	BVR1.5mm^2	15	m
15	电缆	2 芯	2	m
16	预绝缘冷压端子	针形	若干	个
17	自攻螺钉	16mm	若干	个

▶**任务实施**

【专家提醒】进入车间或危险区域，穿绝缘鞋、防护衣、戴绝缘手套和安全帽，在保证人身安全的情况下进行操作。

1）根据要求绘制三地控制一盏灯及插座原理图。

2）根据施工图画出网格图。

3）在网格区域内标定各元器件的安装位置以及电缆敷设路径等。

4）在电气装置平台墙体上，将所有的固定点打好安装孔。

5）安装配电箱、电源插座、白炽灯座、单控开关和中途制开关，安装过程应符合图中要求。

6）对两种行线槽下料，然后进行安装，应符合图中的要求。

7）对 PVC 管下料，然后进行角度弯曲，应符合图中规定的要求。

8）将已取出的配电箱内安装板进行盘面布置，然后定位、打孔、安装并布线，箱体内只安装剩余电流断路器 1 只和断路器 2 只，如图 1-109 所示。

9）用相应的 PVC 杯疏将 PVC 管和串联开关、电源插座、白炽灯盒连接起来，然后用管卡将 PVC 管按照安装规范进行固定。

10）对串联开关、电源插座、白炽灯各准备两根导线，然后分别穿入已加工成形的 PVC 管及行线槽中。

11）敷设导线根据图 1-109 敷设导线。

12）按照车间相关管理原则，对安装区域进行整理、整顿、清洁、清扫等相关工作。

13）将灯泡安装在灯座上，给配电箱上盖，给行线槽上盖及插座外壳上盖。

14）用万用表测试插座的接地并通电测试结果。

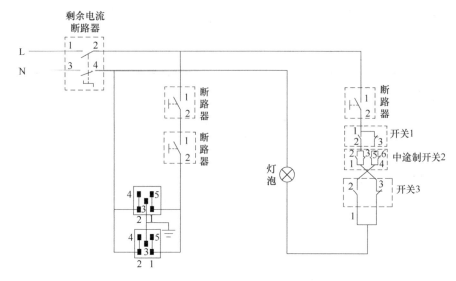

图 1-109　电气线路安装原理图

> ▶任务测评

【专家提醒】在施工作业完成后，对施工质量进行检测，检测合格后方可进行下一道作业。

任务评分表见表 1-41。

表 1-41　任务评分表

序号	评分内容	评分标准	配分	得分
1	配电箱的安装	配电箱的安装符合图中要求得 3 分	3 分	
2	线缆的安装	线缆的安装符合图中要求得 1 分	1 分	
3	盒体的安装	盒体的安装符合图中要求得 1 分	1 分	
4	功能测试	实现三地控制灯及单控开关插座要求得 3 分	3 分	

课题二

故障检测技术

本课题中的故障检测是在特定的电气图样中设定的具有代表性故障点，并通过对模块三中的技能训练，加深对常见故障点的判断和解决办法。通过该技能的强化训练，突破对故障类型的界定，找到用时最少、故障排除最完整、处理问题最完美的方法。

模块三　DLDS-1214F 应用平台故障检测技能训练

本模块中共有两个任务，第一个任务读图、识图、绘图以及元器件的识别；第二个任务是识别故障现象、检测故障和排除故障。

任务一　故障考核检测系统原理图的识读

➢**任务目标**

1. 掌握电气线路原理图的读图、识图技巧。
2. 掌握常见电气故障的排除技巧。

➢**任务导入**

要分析电路图的原理，初学人员要分析系统原理图，掌握故障考核检测系统原理图的工作原理，看懂系统原理图。

➢**知识链接**

1）要学习并熟练掌握电子产品中常用元器件的基本知识，如电子元器件、变压器、开关、接触器、继电器、接头和插座等，并充分了解它们的种类、性能、特征、特性以及在电路图中的符号、作用和功能等，根据这些元器件在电路中的作用，懂得哪些参数会对电路的性能和功能产生什么样的影响。具备这些元器件的基本知识，对于读懂并掌握电路图是必不可少的。

2）为方便、快捷地看懂电路图，还要掌握一些由常用元器件组成的单元电子电路知识，如照明电路、电动机基本控制电路等。因为这些电路单元是电气原理图中常见的基本电路模块，掌握这些基本电路的知识，不仅可以深化对元器件的认识，而且通过相应的"基础练习"，也是对看懂、读通电路图的锻炼，有了这些知识，为进一步看懂、读通较复杂的电路奠定了良好的基础，也就更容易深化自己的学习。

3）应多了解、熟悉、理解电路图中的有关基本概念。比如关键点的电位，各点电位如何变化、如何互相关联，如何形成回路、通路，哪些构成主电路、哪些形成指示电路、哪些属于控制电路等。

4）要看懂、读通某一模块的电路图，还需要对该模块有一个大致的了解，例如根据模块的主要功能，判断它可能由哪些电路单元组成。这对读懂、读通电路图可以少走弯路。

5）经常在电路图中寻找自己熟悉的元器件和单元电路，看它们在电路中起什么作用，然后与它们周围的电路联系，分析这些外部电路怎样与这些元器件和单元电路互相配合工作，逐步扩展，直至对全图能理解为止。

6）不断尝试将电路图分割成若干条条框框，然后各个击破，逐个了解这些条条框框电路的功能和原理，再将各个条条框框互相联系起来，将整个电路图看懂、读通。

7）要多看、多读、多分析、多理解各种电路图。可以由简单电路到复杂电路，遇到一时难以弄懂的问题，除自己反复独立思考外，也可以向内行、专家请教，还可以多阅读这方面的教材与文章，从中吸取营养。只要坚持不懈地追求、努力，快速读懂、读通电路图并非难事。

学会这些检测方法，不仅可以应用于工业现场中的机床维修、工厂线路整改与维修、起重机械的电路维修，还可用于全自动化生产设备的维修、电梯维修等。

任务二　故障点的识别与检测方法

➤任务目标

1. 能够根据故障考核检测系统原理图识别故障点。
2. 掌握故障点的检测方法。

➤任务导入

现有一套电气设备出现了故障，该设备的电气原理图已经准备好，试根据原理图排除故障吗？

➤知识链接

电气设备常见故障主要有断路、短路和漏电三种。

一、断路

产生断路的原因主要是熔丝熔断、线头松脱、断线、开关没有接通、铝线接头没有腐蚀等。

如果一个灯泡不亮而其他灯泡都亮，应首先检查是否灯丝烧断。若灯丝未断，则应检查开关和灯头是否接触不良、有无断线等。为了尽快查出故障点，可用验电器测试灯座（灯口）的两头是否有电，若两极都不亮说明相线断路；若两极都亮（带灯泡测试），说明零线断路；若一极亮一极不亮，说明灯丝未接通。对于荧光灯来说，还应对辉光启动器进行检查。

二、短路

造成短路的原因大致有以下几种：
1）用电器具接线不好，以致接头碰在一起。
2）灯座或开关进水，螺口灯头内部松动或灯座顶芯歪斜，造成内部短路。

3）导线绝缘外皮损坏或老化损坏，并在零线和相线的绝缘处碰线。

发生短路故障时，会出现打火现象，并引起短路保护动作（熔丝烧断）。当发现短路打火或熔丝烧断时，应检查出发生短路的原因，找出短路故障点，并进行处理后再更换熔丝，恢复送电。

三、漏电

相线绝缘损坏而接地、用电设备内部绝缘损坏使外壳带电等原因，均会造成漏电。漏电不但造成电力浪费，还可能造成人身触电伤亡事故。

漏电保护装置一般采用剩余电流断路器。当漏电电流超过整定电流值时，剩余电流断路器动作，切断电路。若发现剩余电流断路器动作，则应查出漏电接地点并进行绝缘处理后再通电。

照明电路的接地点多发生在穿墙部位和靠近墙壁或天花板等部位。查找接地点时，应注意查找这些部位。漏电查找方法如下：

1）首先判断是否确实漏电。可用绝缘电阻表摇测，看其绝缘电阻值的大小，或在被检查建筑物的总开关上接一只电流表，接通全部电灯开关，取下所有灯泡进行仔细观察。若电流表指针摇动，则说明漏电。指针偏转幅度，取决于电流表的灵敏度和漏电电流的大小，若偏转幅度大则说明漏电大。确定漏电后可用下一步继续检查。

2）判断是相线与零线之间的漏电，还是相线与大地间的漏电，或者是两者兼而有之。以接入电流表检查为例，切断零线观察电流的变化：电流表指示不变，是相线与大地之间漏电；电流表指示变小但不为零，则表明相线与零线、相线与大地之间均有漏电；电流表指示为零是相线与零线之间漏电。

3）确定漏电范围。取下分路熔断器或拉下开关，电流表若不变化，则表明是总线漏电，电流表指示为零则表明是分路漏电；电流表指示变小但不为零，则表明总线与分路均有漏电。

4）找出漏电点。按前面介绍的方法找出漏电的分路或线段后，依次拉断该线路灯具的开关，当拉断某一开关时，电流表指针回零或变小，若回零则是这一分支线漏电，若变小则除这一分支线漏电外还有其他漏电处；若所有开关都拉断后，电流表指针仍不变，则说明是该段干线漏电。

依照上述方法依次把故障范围缩小到一个较短线段或小范围之后，便可进一步检查该段线路的接头，以及电线穿墙处等是否漏电情况。当找到漏电点后，应及时妥善处理。

【注意事项】通电之前，先检查电路，确保电路正确后然后逐级送电。

➤任务准备

1）工具准备见表 1-2 和表 1-6。

2）图纸准备如图 1-8～图 1-11 所示。

➤任务实施

【专家提醒】进入车间或危险区域，穿绝缘鞋、防护衣、戴绝缘手套和安全帽，在保证人身安全的情况下进行操作。

【典型故障检测方法】表 2-1 为电气设备的典型故障设置点，既包含了国赛中必须设置的故障，又不少于第 44 届世界技能大赛全国选拔赛相同的故障类型（见图 2-1～图 2-4），实际使用可根据具体的情况设置点。

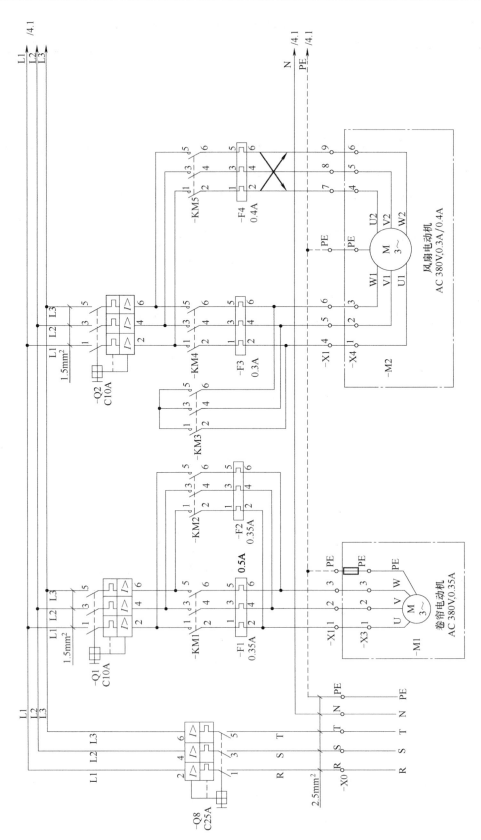

图 2-1　电源电路

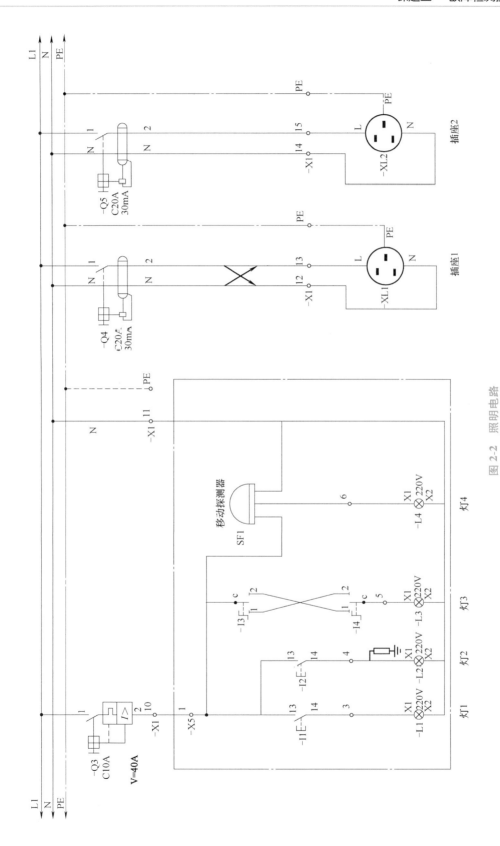

图 2-2　照明电路

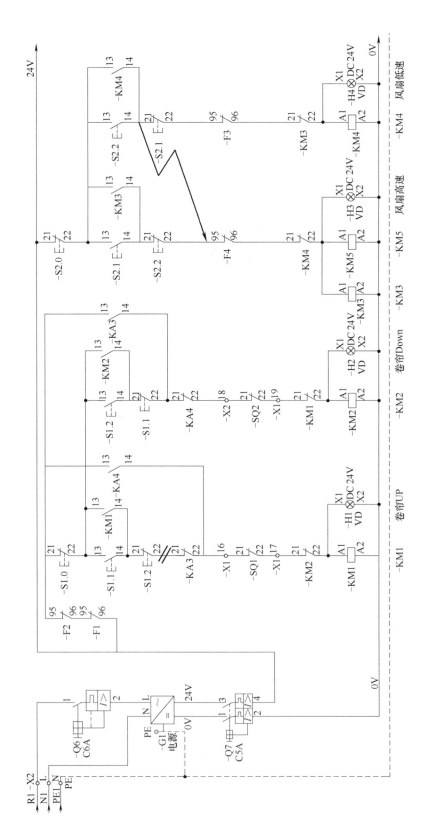

图 2-3 控制线路（一）

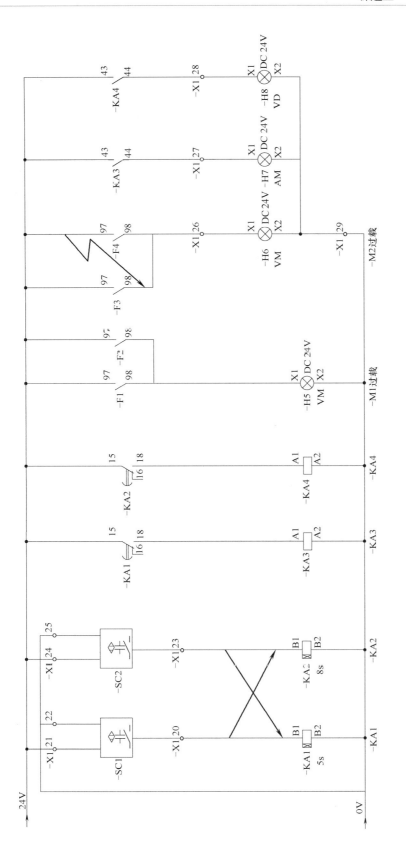

图 2-4 控制线路（二）

表 2-1　电气设备的典型故障设置点

故　障　点	典　型　故　障
1	-F2-未设置为 0.35A
2	-X1-PE 电动机 M1 接地高电阻（如 10Ω）
3	-F4-2（9#）与 6（7#）线交叉
4	-Q3-用 40A 单极断路器替代 Q3
5	-L2-X1（4#）线对接地低绝缘电阻（如 390kΩ）
6	-X1-12（N#）与-X1-13（2#）线交叉
7	-KA4-14（16#）线开路
8	-F3-95 与-F4-95 之间短路
9	-KA2-b1（20#）与-KA2-b1（23#）线之间交叉
10	-X1-26 与-X1-27 之间短路

故障排除：将检测出来的故障符号标注在图样的相应位置，故障点标注示例见表 1-7。

> 任务测评

【专家提醒】在工厂作业完成后，都要进入下一道工序，那就是把装配完成的任务先进行自检，自检完成后，填好报送单委托质检员对产品进行检测，检测合格后方可进入下一道工序。

任务评分表见表 2-2。

表 2-2　任务评分表

序号	评分内容	评分标准	配分	得分
1	检测方法	检测方法不对，每处扣 0.25 分	4 分	
2	标注	标注不正确，不得分，多标少标每处扣 0.25 分	5 分	
3	职业素养	操作规范 0.2 分	1 分	

课题三

新电气技术行业典型应用

任务一 基于 LOGO! 模块室内智能家居的技术与应用

> **任务目标**

1. 掌握 LOGO! 智能逻辑控制器的基本功能。
2. 掌握 LOGO! 8.2 通信模块的使用方法。

> **任务导入**

通过使用 LOGO! 智能逻辑控制器等模块，实现调光控制。

> **知识链接**

LOGO! 智能逻辑控制器（见图 3-1）取代了继电器并且与 PLC 一样具有自动化编程功能，已发展成为微型 PLC 自动化控制器的标准组件产品。通过集成的 8 种基本功能和 40 多种特殊功能，LOGO! 可以代替数以百计的开关设备，从时间继电器一直到接触器。LOGO! 有很好的抗振性和很强的电磁兼容性（EMC），完全符合工业标准，能够应用于各种气候条件。

LOGO! 8.2 主机模块集成了 Web Server 功能，用户可使用全新发布的网

图 3-1 LOGO! 智能逻辑控制器

页组态软件 LOGO! Web Editor V1.0，实现用户自定义网页，无须具备 HTML 编程经验。此外，编程软件 LOGO! Soft Comfort V8.2 功能更加强大，界面更加友好，而且充分兼容旧版本 LOGO! 程序，可实现项目的无缝移植，轻松便捷地完成项目工程组态。

LOGO! 8.2 主机模块在型号中增加了一个"E"，代表该模块可以同其他自动化设备实现以太网通信，如图 3-2 所示。

（1）主从链接

1）主站最多可能链接 8 个从站。

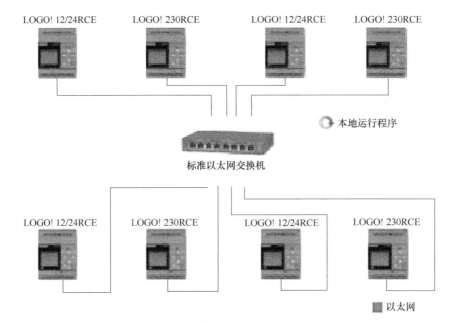

图 3-2 LOGO！网络

2）每个从站都可以添加扩展模块到最大配置。

3）从站只需要设定 IP 地址及从站模式和主站 IP 地址。

4）可以和 PG/PC 通过 OPC，或与西门子人机界面产品进行数据交换。

5）主站/从站链接最大 I/O 可以扩展到：DI：88，DO：84，AI：40，AO：24。

（2）主主链接 这种链接方式下，每个 LOGO！8.2 主站在运行自身用户程序的同时又可与其他的 LOGO！8.2 主站形成一个较小的网络系统，分享一些基本的通用信息。

1）每个 LOGO！8.2 主站可以同时与其他 8 个 LOGO！8.2 主站通信。

2）每个 LOGO！8.2 主站都可以脱离网络独立运行。

3）可以和 PG/PC 通过 OPC，或与西门子人机界面产品进行数据交换。

4）可通过 LOGO！8.2 的模拟量输出和适当设置调整调光器以控制灯泡和灯泡组，并且可使用 HMI 面板保存并重新打开各种灯光背景。

通信模块 LOGO！CMK2000 通过红/黑 KNX 端子连接到 KNX 总线。建议总线电缆：YCYM（$2 \times 2 \times 0.8 mm^2$）。

【注意事项】

① 只能使用红/黑芯线对，不连接白/黄芯线对。

② KNX 电缆不涂屏蔽层。

➤任务准备

准备必要的工具和元器件。

➤任务实施

【专家提醒】进入车间或危险区域，穿绝缘鞋和防护衣，戴绝缘手套和安全帽，在保证人身安全的情况下进行作业操作。

使用 LOGO！8 和精简面板 KTP900 的标准配方功能，可以创建、保存和编辑灯光背景，如图 3-3 所示。

使用精智面板 KTP900，可通过教学模式轻松、直观地控制各种灯光背景。

通过为 LOGO！8 扩展安装 8 个模拟量扩展模块，可以通过模拟量输出（AQx）控制 8 个调光器来调节灯光的明暗度。

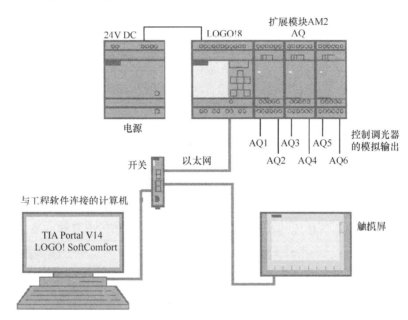

图 3-3　LOGO！控制

>任务测评

任务评分表见表 3-1。

表 3-1　任务评分表

序号	评分内容	评分标准	配分	得分
1	LOGO！认知	各功能的了解	6 分	
2	LOGO！8.2 通信模块	通信接线的要求正确	4 分	

任务二　基于 KNX 模块室内智能家居的技术与应用

>任务目标

1. 掌握 KNX 模块的调光控制功能。
2. 掌握 KNX 模块的定时器控制功能。
3. 掌握 KNX 模块的红外传感器控制功能。
4. 掌握 KNX 模块的红外超声波传感器控制功能。
5. 掌握 KNX 模块的场景控制功能。

➤**任务导入**

根据课题一中的 KNX 模块，实现调光控制、定时器控制、红外传感器控制、红外超声波传感器控制和场景控制。

➤**知识链接**

一、KNX 系统概述

1. 智能家居的概念

智能家居是利用先进的计算机技术、网络通信技术、综合布线技术，依照人体工程学原理，融合个性需求，将与家居生活有关的各个子系统，如安全防护、灯光控制、窗帘控制、煤气阀控制、信息家电、场景联动和地板采暖等有机地结合在一起，通过网络化的综合智能控制和管理，最终实现"以人为本"的全新家居生活体验。

智能家居的核心在于系统的集成能力，即把灯光、遮阳系统、窗帘系统、暖通空调系统、中央背景音乐系统、家庭影院系统和安全防护系统等完美地融合在一起的能力。而这种能力在很大程度上取决与该系统的开放性。这就需要一种标准，或者有一个大部分设备厂家都能认可并采用的"语言"，即控制协议。这就牵涉到自动控制领域中的"现场总线技术"，我们称之为 Field Bus。这种技术要求控制与智能实现"本地化"与"模块化"，让控制系统中的传感器与控制器都具有独立的运算、处理、发送信号的能力，彼此间既相互独立又相互联系，这样就构成了一个控制网络中的"Internet"。

传统的灯光控制方式与智能灯光控制方式之间的区别，如图 3-4 和图 3-5 所示。

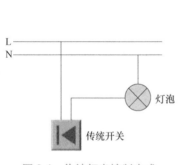

图 3-4　传统灯光控制方式

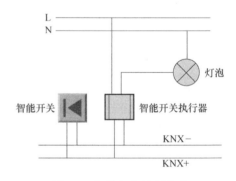

图 3-5　智能灯光控制方式

2. KNX 标准简介

KNX 标准是家居和楼宇控制领域唯一的开放式国际标准，是由欧洲三大总线协议 EIB、BatiBus 和 EHS 合并发展而来的。KNX 标准目前已被批准为欧洲标准（CENELEC EN 50090 & CEN EN 13321-1）、国际标准（ISO/IEC 14543-3）、美国标准（ANSI/ASHRAE 135）和中国指导性标准（GB/Z 20965），已经成为"HBES 技术规范-住宅与楼宇控制"的国家标准化指导性技术文件。

KNX 标准以 EIB 为基础，兼顾了 BatiBus 和 EHS 的物理层规范，吸收了 BatiBus 和

EHS 中配置模式等优点，提供了家居和楼宇自动化的完全解决方案。KNX 拥有可由厂家独立设计和测试的工具（ETS）；提供多种通信介质（TP、PL、RF 和 IP）；提供多种系统配置模式（A、E、S 模式）。通过 KNX 总线系统，对家居和楼宇的照明、遮光或百叶窗、安全防护系统、能源管理、供暖通风、空调系统、信号和监控系统、服务界面及楼宇控制系统、远程控制、计量、视频/音频控制、大型家电等进行控制。

KNX 标准的优势如下：

1）不同性能、不同厂家生产的产品可以实现相互操作，而且通过了严格的质量控制和第三方的 KNX 认证，这样就进一步保证了产品质量。

2）KNX 标准的功能非常丰富，具有广泛的适用性：适用于各种类型的建筑物，包括：住宅建筑、功能性建筑和工业建筑；可使用多种通信介质，包括双绞线、电力线和无线通信；可采用多种系统配置模式。

3. KNX 协会简介

KNX 协会成立于 1999 年，总部位于布鲁塞尔。KNX 协会是在全球推广 KNX 技术和标准的国际组织，1999 年由 EIBA（欧洲安装总线协会）、EHSA（欧洲家用电器协会）和 BCI（BatiBUS 国际俱乐部）三大协会联合成立。KNX 协会有来自 19 个国家和地区的 125 个会员；74 个国家和地区的 11700 个 KNX 合作伙伴；23 个国家和地区的 120 个培训中心；18 个国家和地区的 57 个技术合作伙伴；8 个用户俱乐部；3 个协作机构；20 个国际分会。目前，72 个国家和地区颁发 15000 个 ETS 资格认证，7000 个 KNX 认证产品。

KNX 协会是家居和楼宇控制系统国际标准的创造者和拥有者。KNX 会员是开发家居和楼宇控制系统设备的制造商。后来集成商或服务供应商也可成为 KNX 会员。

4. KNX 技术简介

（1）传输特点

1）KNX/EIB 是一个基于事件控制的分布式总线系统。

2）该系统采用串行数据通信进行控制、监测和状态报告。

3）KNX/EIB 的数据传输和总线装置的电源共用一条电缆。

4）报文调制在直流信号上。

5）一个报文中的单个数据是异步传输的，但整个报文作为一个整体是通过增加起始位和停止位实现同步传输的。

6）KNX/EIB 采用 CSMA/CA（避免碰撞的载波侦听多路访问协议），CSMA/CD 协议保证对总线的访问在不降低传输速率的同时不发生碰撞。

（2）拓扑结构

1）系统最小的结构称为线路，一般情况下（使用一个 640mA 的总线电源）最多可以有 64 个总线元件在同一线路上运行。如有需要可以在通过计算线路长度和总线通信负荷后，通过增加系统设备来增加一条线路上总线设备的数量，最多一条线路可以增加到 256 个总线设备。

2）一条线路（包括所有分支）的导线长度不能超过 1000m，总线装置与最近的电源之间的导线距离不能超过 350m。为了确保避免报文碰撞，两个总线装置之间的导线距离不能超过 700m。

（3）KNX 传输介质　鉴于 KNX 技术的灵活性，KNX 设施可以轻松适应用户环境的变化。目前可以使用四种解决方案，即 1 类双绞线（TP1）、电力线、无线电（KNX 射频传输介质）和以太网（KNX IP），均可以部署 KNX。借助合适的网关，也可以在其他介质（例如光纤）上传输 KNX 报文。各种介质的应用领域见表 3-2。

表 3-2　传输介质

介　　质	传 输 方 式	首选应用领域
1 类双绞线	分离式控制	新设施及开展改造（传输可靠性高）
电力线	现有网络	无须额外铺设控制电缆且可以使用 230V 电源电缆的场所
无线电（中间频率为 868.30MHz）	KNX 射频传输介质	无法和不想铺设电缆的场所
以太网	KNX IP	需要快速干线网络的大型设施

在无线 KNX 系统中一般采用频率调制法或移频键控（FSK）进行调制。以载波频率（或中间频率）为基础，正反两个方向发生偏移的频率分别代表逻辑"0"和逻辑"1"。无线 KNX 系统的中间频率为 868.30MHz，信息的传输速率为 16384bit/s，并按照曼彻斯特编码方式调制，即从"0"到"1"（或相反）的变化沿位于调制脉冲的过零点。采用这种编码方式可以调整同步信号，使得发射设备和接收设备比较容易同步。

无线 KNX 系统的传输频率处于工业、科学和医学应用频道（ISM 频段），在这个频段对不同应用领域的频率范围有严格的规定。无线 KNX 设备最大的发送功率为 12mW。每一台设备发送信号的时间（又称为负载周期）为 1%，即每分钟有 0.6s 的发送时间。由于有严格的发送时间限制，不可能有某台设备连续发送信号而造成无线通信网络的阻塞。

二、KNX 系统拓扑结构

当使用总线电缆 TP1（1 类双绞线）作为通信介质时，KNX 系统采用分层结构，即分为域（area）和线路（line）两个层次。

1. 线路

这是 KNX 系统的最小结构单元。每个线路最多包括 4 个线段（linesegment），每个路段最多可连接 64 台设备，每一个线段实际所能连接的设备数量取决于所选 KNX 电源的容量和该线路段设备的总耗电量，如图 3-6 所示。

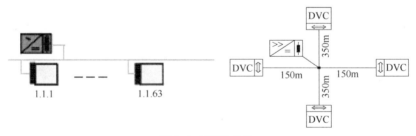

图 3-6　KNX-线路

如果一个线段通过线路中继器（LR）扩展连接另外一个线段，那么这个线段也可以达到 1000m。每个线段应配备合适的 KNX 电源。一个线路最多可以并联 3 个线路中继器。

2. 域

一般情况下，可以有 15 个线路分别经过线路耦合器（LC）与主线路相连接，组成一个域。主线路最多可以直接连接 64 台设备，主线路如果连接了线路耦合器，与之直接相连的最多设备台数就要减少。主线路不能接线路中继器，而且必须有自己的 KNX 电源并配有扼流器，如图 3-7 所示。

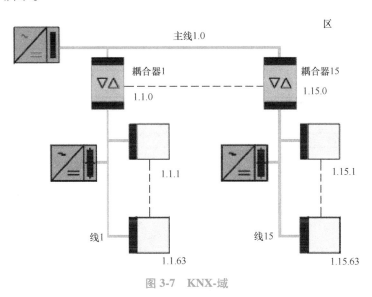

图 3-7　KNX-域

3. 拓扑图

一个系统包括 15 个区，整个系统设备总数可达到 14400 个，如图 3-8 所示。

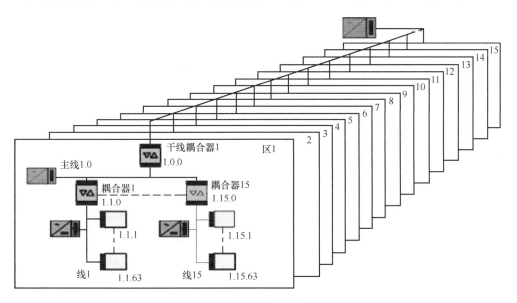

图 3-8　KNX-拓扑图

➤ 任务准备

1. 器件准备

任务所需要的各种器材，见表 3-3。

表 3-3 器材清单

序 号	名 称	型 号	订 货 号	数 量
1	4 路 10A 智能开关控制器	M/R4.10.1	M/R4 1105 R0001	1
2	6 按键经典系列面板	M/P03.2	M/P03 1210 P005	1
3	总线电源模块	M/P960.1	无	1
4	IP 网关模块	KNX/EIB M/IPRT.1	无	1
5	红外移动传感器	M/IS05.1	M/RS 1405 H002	1
6	逻辑定时控制器	M/TM04.1	M/TM 1311 T001	1
7	2 路 300V·A 调光控制器	M/D02.1	M/D 1010 D002	1
8	2 路窗帘控制器	M/W02.10.1	M/W02 1208 W001	1
9	超声波传感器	M/HSIU05.1	M/HSIU05 1208 H002	1

2. 盘面布置

盘面布置如图 3-9 所示。

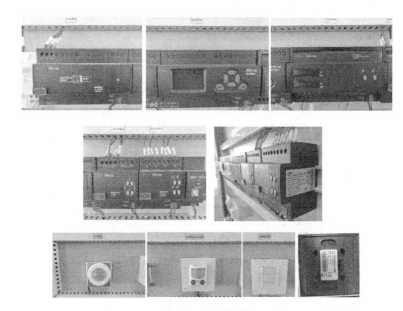

图 3-9 盘面布置

3. 其他准备

主要包括工具准备、软件准备和测量仪器准备。

➤任务实施

一、任务要求

1）调光控制：实现一个按键控制调光器 1 回路，其中左按键短按开灯，长按调亮；右按键短按关灯，长按调暗。按键指示灯正确显示。

2）定时器控制：晚上 7 点开灯，关窗帘；晚上 10 点关灯，早上 7 点开窗帘。

3）红外传感器控制：当亮度在 0~200lx，且有人移动时才开灯，否则延时 10s 关灯。

4）红外超声波传感器控制：当亮度值大于 1000lx，开风扇并且关窗帘至 50%，否则延迟 10s 关风扇窗帘。

5）场景控制：按下 B 按键左键，调光器运行序列 1，即回路亮度发生变化，场景 1（0%）→场景 2（40%）→场景 3（100%）循环，每步骤 5s。按下 B 按键右键，停留在当前运行场景。按下 C 按键左键运行场景 2，按下 C 按键右键运行场景 3。长按 C 按键左键场景调亮，长按 C 按键右键场景调暗。

二、任务实施

1. 线路的布置

线路布置需要提供标准的布置图，如图 3-10 所示。供电电源线 AC 220V 用 BVR1.5mm^2 的铜导线，相线用红色的、零线用蓝色的，通信接口既是电源 30V 接口又是总线接口。

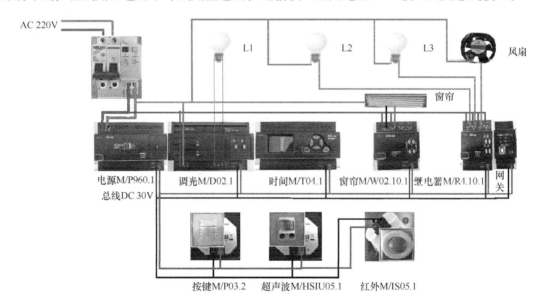

图 3-10　线路布置图

2. 网关接口的设置

设备通电后，连接上标准的 USB 线，进入软件后打开总线连接内的一个接口选项，单击进入以后在"已发现接口"有一个 IP 地址设定，如图 3-11 所示。然后单击该 IP 地址进行测试，测试成功后出现"OK"，然后单击选择 IP 地址就会自动进入当前接口，如图 3-12 所示。

3. 数据库的导入

打开软件，在计算机桌面上找到"ETS5"图标并双击，如图 3-13 所示。将弹出如图 3-14 所示界面。

单击"你的项目"创建新项目，名称"智能家居控制"，主干选择"IP"，拓扑选择"创建支线 1.1"中的 TP，组地址格式选择"三级"，如图 3-15 所示。

图 3-11　网关接口已发现

图 3-12　网关接口连接成功

图 3-13　ETS5 软件

图 3-14　ETS5 打开界面

　　项目创建完成后，出现如图 3-16 所示的状态，然后双击"智能家居控制"，出现图 3-17 所示界面，选择"建筑"的倒三角后再出现一个下拉菜单，如图 3-18 所示，然后选择"拓扑"。

图 3-15　项目创建

图 3-16　创建结束

图 3-17　勾选"建筑"

图 3-18　勾选"拓扑"

打开"拓扑"选择"1 新建分区",如图 3-19 所示。

图 3-19　"1 新建分区"

然后点开"1.1 新建支线",出现产品目录,如图 3-20 所示,在产品目录下双击"Import..."。

图 3-20　产品目录

添加数据库"HDL-KNX Database and Manual-update5"的文件夹,如图 3-21 所示。

然后打开数据库,找到需要的数据类别,如图 3-22 所示,这些都是厂家提供的原始数据。

图 3-21　数据库文件夹

接下来要进行"调光控制"项目,双击"KNX-DimmerActuator(调光)"文件夹后将出现下拉菜单,如图 3-23 所示。

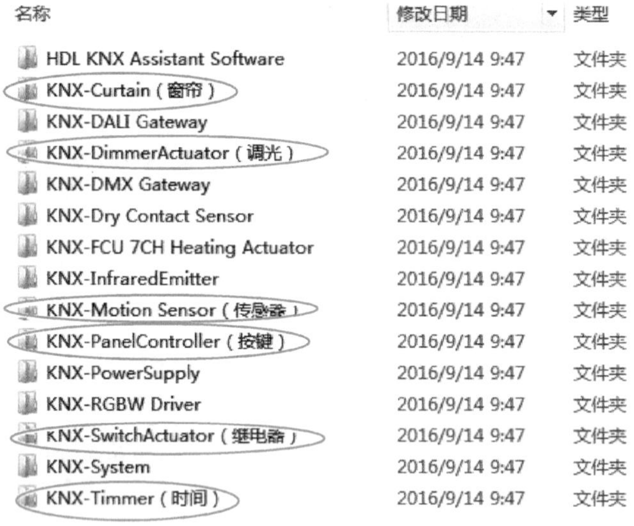

名称	修改日期	▼	类型
HDL KNX Assistant Software	2016/9/14 9:47		文件夹
KNX-Curtain(窗帘)	2016/9/14 9:47		文件夹
KNX-DALI Gateway	2016/9/14 9:47		文件夹
KNX-DimmerActuator(调光)	2016/9/14 9:47		文件夹
KNX-DMX Gateway	2016/9/14 9:47		文件夹
KNX-Dry Contact Sensor	2016/9/14 9:47		文件夹
KNX-FCU 7CH Heating Actuator	2016/9/14 9:47		文件夹
KNX-InfraredEmitter	2016/9/14 9:47		文件夹
KNX-Motion Sensor(传感器)	2016/9/14 9:47		文件夹
KNX-PanelController(按键)	2016/9/14 9:47		文件夹
KNX-PowerSupply	2016/9/14 9:47		文件夹
KNX-RGBW Driver	2016/9/14 9:47		文件夹
KNX-SwitchActuator(继电器)	2016/9/14 9:47		文件夹
KNX-System	2016/9/14 9:47		文件夹
KNX-Timmer(时间)	2016/9/14 9:47		文件夹

图 3-22　数据库

Dimmer 0-10V 10A Actuator	2016/9/14 9:47	文件夹
Dimmer MOSFET Actuator	2016/9/14 9:47	文件夹
Dimmer TRIAC Actuator	2016/9/14 9:47	文件夹

图 3-23　TRIAC

此时选择"Dimmer TRIAC Actuator"调光三端双向晶闸管自动控制器,双击它出现 V1.0 的文件夹,然后打开它,如图 3-24 所示。

图 3-24　调光界面

打开 Picture 文件夹后找到的是 6 路，而设备中是 2 路的，因此要在"Database"里将其设置为 2 路的。图 3-25 所示为 2 路实体设备。

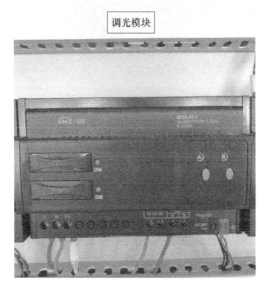

调光模块

图 3-25　2 路实体设备

打开"Database"调出"Dimmer_TRIAC_Actuator（V1.0）.vd5"参数数据包，如图 3-26 所示。

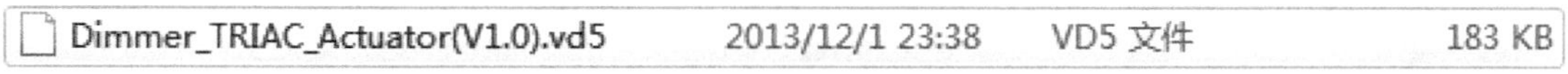

| Dimmer_TRIAC_Actuator(V1.0).vd5 | 2013/12/1 23:38 | VD5 文件 | 183 KB |

图 3-26　参数数据包

双击参数数据包将出现产品分析页面，如图 3-27 所示。

产品分析完成后，进入产品导入界面，然后选择 2 路，如图 3-28 所示。

导入过程进行产品转换，如图 3-29 所示。

产品文件转换完成后即可成功导入，如图 3-30 所示。

正在分析产品文件…

C:\Users\ThinkPad-S\Desktop\HDL-KNX Database and Manual-update5\HDL-KNX Database and Manual-update5\KNX-DimmerActuator（调光）\Dimmer TRIAC Actuator\V1.0\Databa...

正在打开项目文件… ✔ 00:00

分析产品文件… 🔄 00:01

图 3-27　产品分析

选择产品导入

搜索

Sec	名称	订货号	媒质类型	描述	应用程序名称
	Dimmer 4fold TRIAC Actuator	M/DL04 131...	TP		Dimmer 4fold TRIAC Actu...
	Dimmer 6fold TRIAC Actuator	M/DL06 131...	TP		Dimmer 6fold TRIAC Actu...
	Dimmer 2fold TRIAC Actuator	M/DL02 131...	TP		Dimmer 2fold TRIAC Actu...

图 3-28　产品导入

正在转换产品文件...

C:\Users\ThinkPad-S\Desktop\HDL-KNX Database and Manual-update5\HDL-KNX Database and Manual-update5\KNX-DimmerActuator（调光）\Dimmer TRIAC Actuator\V1.0\Databa...

正在读取项目文件 ✓ 00:00

正在载入翻译 ☼ 00:00

图 3-29　产品转换

成功导入。

文件: C:\Users\ThinkPad-S\Desktop\HDL-KNX Database and Manual-update5\HDL-KNX Database and Manual-update5\KNX-DimmerActuator（调光）\Dimmer TRIAC Actuator\V1.0\Database\Dimmer_TRIAC_Actuator(V1.0).vd5
产品: Dimmer 2fold TRIAC Actuator

图 3-30　成功导入

成功导入之后，该模块就会出现在产品目录中，如图 3-31 所示。

Sec	厂家 ▲	名称	订货号	媒质类	应用	版本
	HDL	Dimmer 2fold TRIAC Actuator	M/DL...	TP	Dimmer 2fold TRIAC A...	1.0

图 3-31　产品目录

双击该模块，添加到新建支线。其他的如"定时器控制""红外传感器控制""红外超声波传感器控制"全部按照以上方法操作。最终效果如图 3-32 所示。

图 3-32　全部导入

4. 程序的编写

将数据全部导入完成后，对 1.1.1M/P03.2 按键、1.1.2M/D02.1 调光、1.1.3M/TM04.1 时间、1.1.4M/R4.10.1 继电器、1.1.5M/W02.10.1 窗帘、1.1.6M/IS05.1 红外、1.1.7M/HSIU05.1 超声波红外分别进行组对象和参数设置，如图 3-33、图 3-34 所示。

图 3-33　程序编写

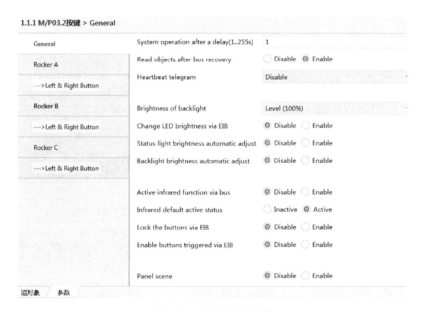

图 3-34　程序参数调置

> ➤ **任务测评**

【专家提醒】在工厂作业完成后，都要进入下一道工序，那就是把装配完成的任务先进行自检，自检完成后，填好报送单委托质检员对产品进行检测，检测合格后方可进行下一道工序。

任务评分表见表 3-4。

表 3-4　任务评分表

序号	评分内容	评分标准	配分	得分
1	调光程序编写	调光程序编写正确	3分	
2	定时器控制	定时器控制正确	1分	
3	红外传感器控制	红外传感器控制正确	1分	
4	超声波传感器控制	超声波传感器控制正确	3分	
5	场景控制	场景控制正确	2分	

➤知识拓展

除了用 KNX 控制之外，还有以下方法可以实现智能家居控制。

开关控制：智能插座可直接控制电器电源开关。

调光控制：根据室内的明亮程度，进行调光控制。

场景控制：如影院模式、起夜模式、全关模式等。

红外控制：对空调器、电动窗帘、电视机等家电设备进行红外遥控。

定时控制：定时开关家里的灯光、电器。

感应控制：可感应人体移动，自动打开灯光。

任务三　基于 ABB 模块室内智能家居的技术与应用

➤任务目标

1. 掌握 ABB 智能开关控制器的应用。

2. 掌握使用 ABB 控制。

➤知识链接

一、ABB 调光控制器

ABB 调光控制器是基于 KNX/EIB 协议的总线系统的调光控制器，其外形与技术参数如图 3-35 和表 3-5 所示。

它的功能可以描述为：通用调光器，2 路 300V·A，具有软开/关功能，每一回路能同时被 6 个 8 位的场景调用，且 64 个场景号可选，能检测回路状态，灯具具有受损报警功能。尤其适合对白炽灯和低压卤素灯进行调光。

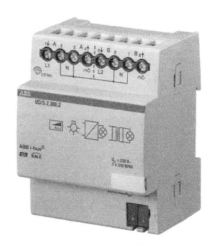

图 3-35　ABB 调光控制器的外形

表 3-5　ABB 调光控制器的技术参数

序　号	项　目	技术参数
1	型号	UD/S2.300.2
2	外形尺寸	4（90mm×72mm×64mm）

（续）

序　号	项　目	技术参数
3	材质	塑料外壳式
4	产地	德国
5	品牌	ABB

二、ABB 窗帘驱动器

ABB 窗帘驱动器主要用于智能建筑、智能家居、智能控制柜，材质为塑料外壳式，标准符合欧洲标准、美国标准和中国标准，同时遵守 ABB 智能家居 i-bus 系统，智能楼宇控制系统，它是基于 KNX/EIB 协议的总线系统的窗帘驱动器。其外形与技术参数如图 3-36 和表 3-6 所示。

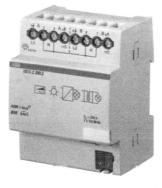

图 3-36　ABB 窗帘驱动器的外形

表 3-6　窗帘驱动器的技术参数

序　号	项　目	技术参数
1	型号	JRA/S2.230.2.1
2	品牌	ABB-i-bus 系列
3	产地	德国
4	外形尺寸	4（90mm×72mm×64mm）

它的功能可以描述：4 路 230V·A，带手动操作，具有定位、预设、状态反馈、上下限设置、清洁模式、室内光度控制、配合室内温度控制等功能，每一回路能同时被 10 个 8 位的场景调用，且 64 个场景号可选，每个通道的正反转端口内置机械互锁，可在标准导轨上进行安装。

在较大的 KNX 系统中，如果所有驱动器都由于中央报文而同时启动，则会产生较高的启动电流峰值。启动电流峰值可以通过输出的时间延迟切换来加以限制。执行行程运动时的延时适用于以下通信对象或状态（即使是激活的自动控制）：

1）移动到太阳的高度［0...255］，调整太阳的板条［0...255］块，强制操作。

2）风警，雨报，霜报警。

3）移至高度位置［0...255］。

4）移动板条［0...255］。

5）编程，重置。

6）总线电压故障。

7）母线电压恢复。

8）位置在天气报警复位，闭锁和强制运转。

下列通信对象不考虑进行移动动作时间延迟：

1）上下移动百叶窗/快门，百叶窗/快门上下限制。

2）平板调整/停止。

3）移动到位置 1 和 2，移动到位置 3 和 4。

4）确保直接操作功能，例如通过按钮不会延时。

5）出现参数时间延迟。

三、ABB 智能四按键控制器

ABB i-bus6126/02-84-500 智能四按键控制器，2 联 4 键分为 A 左、A 右、B 左和 B 右，它是基于 KNX/EIB 协议的总线系统的智能四按键控制器。其外形与技术参数如图 3-37、表 3-7 所示。

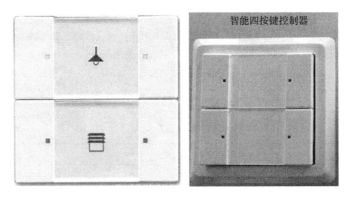

图 3-37　ABB 智能四按键控制器的外形

表 3-7　ABB 智能四按键控制器的技术参数

序　号	项　　目	技 术 参 数
1	型号	6126/02-84-500
2	品牌/颜色	ABB/亮白色
3	产地	德国
4	外形尺寸	87mm×87mm
5	产品认证	CE
6	电压	KNX/EIB DC30V

它的功能可描述为：可进行调光控制，具有场景、逻辑、顺序、延时、楼梯、预设、闪烁功能，按键带有 RGB LED 状态显示，可作为报警闪烁灯，具有防盗功能。

四、ABB 智能温度控制器

ABB 智能家居 i-bus 系统，智能楼宇控制系统，它是基于 KNX/EIB 协议的总线系统的智能面板，属于德韵 SOLO 系列，其外形与技术参数如图 3-38、表 3-8 所示。

图 3-38　ABB 智能温度控制器的外形

表 3-8　ABB 智能温度控制器的技术参数

序　　号	项　　目	技 术 参 数
1	型号	6128/01-866-500
2	品牌	ABB
3	产地	德国
4	外形尺寸	87mm×87mm
5	产品认证	CE
6	电压	KNX/EIB DC30V

它的功能可描述为：带 LCD 显示屏，采用 6120/12 耦合器，可以控制风机盘管和地加热；控制方式有 PI、PWM、2-point 算法；可以控制高达 5 级通风器，手动调节风量大小，按键可进行温度设定和模式设定。

➤**任务准备**

1. 器件准备

完成功能所需的器件见表 3-9。

表 3-9　施工材料清单

序　　号	名　　称	型　　号	订 货 号	数　　量
1	4 路 10A 智能开关控制器	M/R4. 10. 1	M/R4 1105 R0001	1
2	4 按键经典系列面板	ABB i-bus6126	ABB i-bus6126/02-84-500	1
3	总线电源模块	M/P960. 1		1
4	IP 网关模块	KNX/EIB M/IPRT. 1		1
5	红外移动传感器	M/IS05. 1	M/RS 1405 H002	1
6	逻辑定时控制器	M/TM04. 1	M/TM 1311 T001	1
7	2 路 300V·A 调光控制器	UD/S2. 300. 2	ABB	1
8	2 路窗帘控制器	JRA/S2. 230. 2. 1	ABB	1
9	超声波传感器	M/HSIU05. 1	M/HSIU05 1208 H002	1
10	温度控制器	6128/01-866-500	ABB i-bus 6128/01-866-500	1

2. 盘面布置

盘面布置如图 3-39 所示。

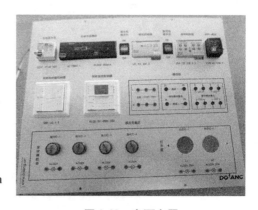

图 3-39　盘面布置

➤**任务实施**

一、任务要求

功能 1：

PB1：

After pushing once, this sequence shall happen cyclic：

负载 1 = 20%

After 5s：负载 1 = 50%；

After 5s：负载 1 = 80%；

功能 2：

PB2：

Press　　ON/OFF　调光灯的亮灭

—LED shows the feedback　调光灯（ON = LED green, OFF = LED red）

功能 3：

PB3：

Short press　　　　　负载 3ON

Long press（>2s）　　负载 3OFF

—LED shows the feedback for 负载 3（ON = LED green, OFF = LED red）

功能 4：

PB4：

Press shutter UP/ DOWN

功能 5：

PB5：ON/OFF 调光模块负载灯开/关

—LED shows the feedback for 灯（ON = LED green, OFF = LED blue）

功能 6：

PB6：ON 窗帘调至 50%，角度 50%

功能 7：

PB7：

Scene 1：负载 1 = 30%；shutter = 60%，60%；

二、任务实施

1. 线路布置

盘面布置如图 3-40 所示。

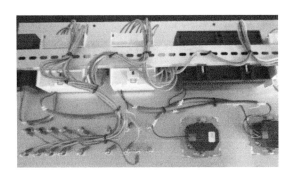

图 3-40 盘面布置

2. 功能及参数设置

指示灯位于设备的正面，所有 LED 输出 X 指示实际状态。在 KNX 操作中，LED 熄灭。显示元素的相应状态见表 3-10。

表 3-10 KNX 操作与手动操作相应状态

序号	LED	KNX 操 作	手 动 操 作
1	手动操作	熄灭：设备处于 KNX 操作模式 闪烁（约 3s）：切换到手动作 持续闪烁：只要按下按钮，LED 就会闪烁；LED 释放时关闭	开：设备处于手动操作状态 闪烁（约 3s）：切换到 KNX 操作
2	输出 A ... X 上/下	开/：上端位置，触点闭合 开/：下端位置，触点打开 两个 LED 都亮起：安全功能有效，例如风警报 /闪烁：盲/快门向上移动 /闪烁：盲/快门向下移动 两个指示灯交替闪烁：故障-驱动错误（无电流或无效行程时间） 关：中间位置

1）高级参数的设置如图 3-41 所示。

2）参数窗口手动操作的参数设置如图 3-42 所示。

➤**任务测评**

任务评分表见表 3-11。

表 3-11 任务评分表

序号	评分内容	评 分 标 准	配分	得分
1	调光程序编写	程序编写正确得 3 分	3 分	
2	定时器控制	定时器控制正确得 1 分	1 分	
3	红外传感控制	红外传感控制正确得 1 分	1 分	
4	超声波传感控制	超声波传感控制正确得 3 分	3 分	

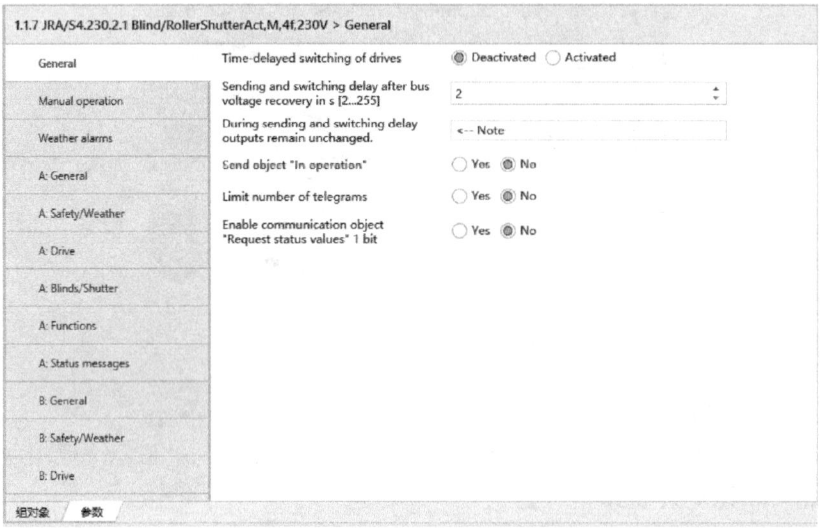

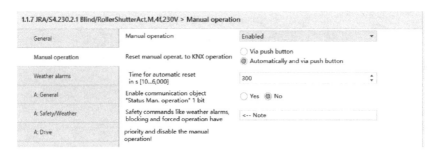

图 3-41   窗帘高级参数的设置

图 3-42   手动操作的参数设置

➤ 知识拓展

想一想除了用 ABB 智能家居控制器之外，还有哪些方法可以实现智能家居的控制？

任务四   基于 VR 眼镜的电气装置技术与应用

➤ 任务目标

1. 了解 VR 的来源及组成。
2. 理解 VR 的工作原理。
3. 掌握 VR 的行业应用。

➤ 知识链接

一、VR 概述

VR 即 Virtual Reality，意思是"虚拟现实"，是一种可以创建和体验虚拟世界的计算机仿真系统。它利用计算机生成一种模拟环境，是一种多源信息融合的、交互式的三维动态视景和实体行为的系统仿真，使用户沉浸到该环境中。在 VR 领域里，最被大家所熟知的就是 VR 眼镜了。VR 眼镜是"虚拟现实头戴式显示器设备"的简称，又称为 VR 头显。

目前，在 VR/AR、自动驾驶、无人机这些新兴领域，传统的交互方式已经不能满足用户的需求。随着深入学习，计算机视觉等领域的突破性进展，一些新的交互方式已经成为可能。

二、VR 的工作原理

（1）VR 眼镜原理　VR 眼镜（见图 3-43）的主要配置就是两片透镜。VR 透镜属于成像光学设计，透镜表面设计有平凸（非球面）、双凸和凹凸效果，透镜边缘薄，中心厚。凸透镜能修正晶状体光源的角度，使其重新被人眼读取，达到增大视角、将画面放大、增强立体效果的作用，让人有身临其境的感觉。

如果没有凸透镜作为 VR 的眼镜，所看到的画面就很小，视觉效果就欠佳。因为光束是从不同角度投射到晶状体上的，所以会感觉眼睛与事物的距离较远，而事实上距离并没有那么远。

VR 眼镜的核心是显示技术，主要包括：交错显示、画面交换、视差融合等功能。

（2）交错显示　交错显示的工作原理是将一个画面分为二个图场，如图 3-44 所示。即单数扫描线所构成的单数扫描线图场或单图场与偶数扫描线所构成的偶数扫描线图场或偶图场。在使用交错显示模式进行立体显像时，我们便可以将左眼图像与右眼图像分置于单图场和偶图场（或相反顺序）中，我们称此为立体交错格式。

图 3-43　VR 眼镜的外形

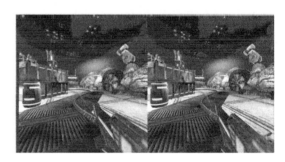

图 3-44　一分为二图场

如果使用快门立体眼镜与交错模式搭配，则只需将图场垂直同步信号当作快门切换同步信号即可，即显示单图场时，立体眼镜会遮住使用者的一只眼，而当显示偶图场时，则切换遮住另一只眼睛，如此周而复始，便可达到立体显像的目的。

（3）画面交换　画面交互的工作原理是将左右眼图像交互显示在屏幕上，使用立体眼镜与这类立体显示模式搭配，只需要将垂直同步信号作为快门切换同步信号即可达成立体显像的目的。而使用其他立体显像设备则将左右眼图像（以垂直同步信号分隔的画面）分送至左右眼显示设备上即可。

（4）视差融合　人之所以能够看到立体的景物，是因为双眼可以各自独立看东西，左右两眼有间距，造成两眼的视角有些细微的差别，而这样的差别会让两眼个别看到的景物有一点点的位移。而左眼与右眼图像的差异称为视差，如图 3-45 所示。人类的大脑很巧妙地将两眼的图像融合，产生出有空间感的立体视觉效果在大脑中。

由于计算机屏幕只有一个，而人却有两个眼睛，又必须要让左、右眼所看的图像各自独立分开，才能有立体视觉。这时，就可以通过3D立体眼镜，让这个视差持续在屏幕上表现出来。通过控制IC送出立体信号（左眼→右眼→左眼→右眼→依次连续互相交替重复）到屏幕，并同时送出同步信号到3D立体眼镜，使其同步切换左、右眼图像，换句话说，左眼看到左眼该看到的景像，右眼看到右眼该看到的景像。

3D立体眼镜是一个穿透液晶镜片，通过电路对液晶眼镜实现开和关的控制，眼镜开时可以控制眼镜镜片全黑，以便遮住一眼图像；眼镜关时可以控制眼镜镜片为透明的，以便另一眼看到另一眼该看到的图像。3D立体眼镜可以模仿真实的状况，使左、右眼画面连续互相交替显示在屏幕上，并同步配合3D立体眼镜，加上人眼视觉暂留的生理特性，就可以看到真正的立体3D图像。

在AR/VR领域中，交互不再用鼠标和键盘，大部分交互技术均采用手柄。还有位置跟踪技术，在一些高档的VR设备中会提供，但成本较高，且需要连接计算机或主机来实现。未来，可能会采用用手直接抓取的方式，目前也有很多手势交互方案提供商，如图3-46所示。

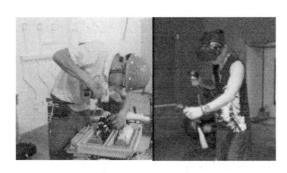

图3-45　视差融合

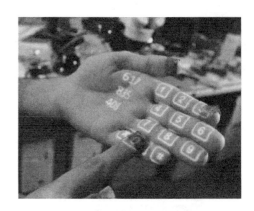

图3-46　虚拟键盘交互

三、VR的行业应用

如果将VR眼镜应用于电气装置技术上，那将是教学上的一项重大突破。一方面，学校可以节约实训空间和耗材；另一方面，教师可以节约大量的备课时间，将与电气装置相关的知识点、装配技能以3D技术投射到VR设备里；还可以提高学生的学习兴趣，活跃课堂气氛并提高学习效果。

任务五　基于物联网智能家居的技术与应用

➤任务目标

1. 了解物联网智能家居系统架构。
2. 掌握物联网智能家居系统的平台组建。

➤知识链接

随着人类社会的进步和科学技术的迅猛发展，人类开始迈入以数字化和网络化为平台的智能化社会，人们对工作、生活等环境的要求也越来越高，其中正在兴起的基于物联网技术的智能家居则是依照人体工程学原理，融合个性需求，将感应器嵌入到与家居生活有关的各个子系统，如安全防护、灯光控制、窗帘控制、气阀控制、信息家电、场景联动、地板采暖等，通过现有网络连接、控制与管理，实现"以人为本"的全新家居生活体验。

一、系统架构

图 3-47 所示为基于物联网智能家居系统的整体结构。从网络结构来看，该系统主要由三层网络组成：最底层网络使用 CAN 现场总线将住户所有用电设备连接到各住户的智能分站上；各智能分站通过以太网模块或 GPRS 模块连接到物联网或移动网，用户通过计算机或手机访问和操控自己家里的用电设备，如空调的开关、温度的调节，实时调阅水、电、气表的读数，查看冰箱里食物的储存情况等；为确保安全和效能，小区通信系统采用有线和无线互为备份的方式，确保住户监控数据的安全可靠传输。

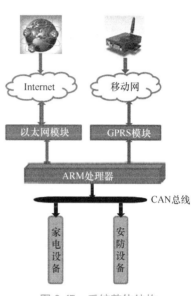

图 3-47　系统整体结构

1. 功能子系统

采用基于 LonWrks 控制网的家居智能控制集成系统产品，系统具有模块化扩展功能。

2. 多媒体系统

每户配置一个多媒体接线箱，用于电话、数据、有线电视等线缆入户并跟户内各信息插座对接，户内信息点的数量和位置由住户自己确定。

3. 可视对讲系统

在楼宇单元入口处电控安全防盗门上设置访客编码式可视对讲机，别墅配置独户型可视对讲机，户内设置可视对讲机，管理中心配置对讲管理主机，系统具有感应卡和钥匙开启电控锁功能，室内电话机可以对讲开门，单元门口机又可用作巡更系统的巡更点，门禁卡可与停车消费等系统实现一卡通。

4. 家庭安防系统

户内设置燃气泄漏报警、火灾报警、防非法入侵和紧急求救报警功能，每户在厨房安装一只煤气泄漏报警探测器和联动电磁阀，在客厅设置一只烟感探测器、1 个红外探测器、阳台加装 1 对红外栅栏，系统具有编程设定不同防区类型及报警、接警方式，通过电话实现远程遥控设防、本地现场报警、电话语音报警和向小区管理中心报警等多种报警方式，在家庭控制键盘上能够对近期操作记录和报警信息查询，中心接警机也有警情记录和报警住户信息自动显示功能。

5. 智能照明控制系统

智能照明控制系统利用的是计算机、通信及数字调光技术，核心技术是集散控制技术。

具体方案可采用基于现场控制总线的智能照明控制系统（如 C-BUS 系统或 i-BUS 系统）。该控制系统主要由智能控制面板、场景控制面板、开关控制模块、调光控制模块及相应传感器等组成，使照明系统实现自动化、智能化。例如，可在室内布置多路照明回路，通过对每一回路亮度及可发出不同颜色光的灯具调整后达到某种灯光气氛来预先设置可营造出多种不同的灯光场景，且切换场景时的时间，使灯光柔和变化来增加环境艺术效果进而营造出合适的环境，从而实现梦幻灯光的控制效果；人体及移动传感器可通过开关控制模块对人体红外线检测达到对灯光人来灯亮，人走灯灭的自动控制，亮度传感器可通过调光控制模块根据室外光线的强弱调整室内光线，此外用户也可用红外遥控器对灯光直接进行控制。因此该智能照明模块设置的时钟控制器，使灯光呈现昼夜规律性的变化，并采用缓慢开启及浅入淡出调光控制，可避免对灯具的冷态冲击，从而延长灯具寿命，此外灯光强度的自动调节和移动传感器的使用还可达到节能的目的。

6. 家电智能控制系统

家电智能控制系统主要提供本地集中控制和远程电话控制两种控制方式。

（1）本地集中控制　通过智控键盘，家中电话机集中对家用电器进行操作和控制，如家里配置子母电话机，利用子机可以实现遥控操作。

（2）远程电话控制　业主在外通过电话或手机拨打家里的电话机，若家中无人应答时，智能控制系统自动接听电话机，并通过语音提示业主完成相应操作。

1）信息交换功能：系统具有物业管理中心与住户进行信息交换功能，通过小区总控主机向每户家庭的智控键盘发布短信息，如天气预报、通知等，用户通过智控键盘查阅接收到的文字信息，也可以向物业管理中心总控主机发送代码信息，如服务请求等，以便于物业管理中心进行有计划的处理。

2）三表抄送系统：系统可将住户水表、电表、煤气表等的数据自动抄送至小区物业管理中心，同时用户也可通过智控键盘查看煤、水、电等的使用状况。

二、平台组建

1. 硬件平台

要实现基于物联网的智能家居，必须具备相应的硬件平台，其主要硬件配置见表 3-12。

表 3-12　硬件配置

序　号	名　称	型　号　规　格	数　量	单　位
1	中央处理器	S3C6410	1	个
2	无线上网模块	菲讯	1	台
3	GPS 模块	GSC3F	1	块
4	VGA 接口		1	个
5	HOST 接口	含 4 个 USB 接口，支持全速或低速传输	1	套
6	有线网口终端	CS8900 带连接和传输指示灯，1 个摄像头接口；底板内置一个 130 万像素的 CMOS 相机模组，要直接摄影并在液晶屏幕上显示	1	套
7	CAN 总线接口	支持 CAN2. 0A 和 CAN2. 0B	1	套
8	摄像头模块		1	块

2. 软件平台

一种智能功能的实现，通常需要硬件和软件同步进行，软件平台配置见表3-13。

表 3-13　软件平台配置

序号	名　称	型号规格	数　量	单　位
1	操作系统	Windows Embedded CE6，OR2-1	1	套
2	设备驱动	SD/MMC，支持 8G	1	套
3	网口驱动	10M/100M	1	套
4	LCD 驱动	支持分辨率 800×480	1	套
5	AUDIO 驱动	AC97	1	套
6	CAMERA 驱动	支持 OV9650	1	套
7	Wifi 驱动	支持 802.11b/g	1	套
8	GPS 驱动	SIF Ⅲ	1	套
9	MFC 驱动	Multi Format CODEC	1	套
10	Post Processor 驱动	Video Post Processor	1	套
11	JPEG 驱动	JPEG CODEC	1	套
12	TV OUT 驱动	NTSC	1	套
13	2D/3D 驱动	2D Graphics/3D Graphics	1	套
14	VGA 驱动	支持分辨率 800×480	1	套
15	USB 驱动	无	1	套
16	TOUCH 驱动	四线电阻式触摸屏驱动	1	套
17	Keypad 驱动	支持 8×8 键扫描	1	套
18	RTC 驱动	支持实时时钟	1	套

3. 发展趋势

智能家居可以定义为一个目标或一个系统，利用计算机技术、数字技术、网络通信技术和综合布线技术，将与家庭生活密切相关的防盗报警系统、家电控制系统、网络信息服务系统等各子系统有机地结合在一超，通过中央管理平台，让家居生活更加安全、舒适和高效。

近年来，物联网成为全球关注的热点领域，被认为是继互联网之后最重大的科技创新。物联网通过射频识别（RFID）、红外感应器、全球定位系统、激光扫描器等信息传感设备，按约定的协议把任何物品与互联网连接起来进行信息交换和通信，以实现智能化识别、定位、跟踪、监控和管理。物联网的发展也为智能家居引入了新的概念及发展空间，智能家居可以被看作是物联网的一种重要应用。

目前，在智能家居领域中比较著名的企业包括西门子、ABB、Honeywell、三星等。西门子在智能电气安装产品方面是全球领先的厂商，通过同西门子楼宇科技集团（SBT）、光源集团（OSRAM）、家电集团（BSH）、移动通信集团（ICM）的合作，西门子电气安装部能提供强大的智能电气安装系统解决方案。

课题四

电气装置综合测试

本课题是对前面所学知识和技能操作的综合检验，总共提供了两套测试题，但这两套试题均没有标准答案，希望大家根据前面所学自由发挥！

任务一　住宅或商用及工业现场装置电气安装与调试

一、基本要求

请在规定时间内按要求完成以下工作任务：

1）现有某工作间电气施工布局图和电路图，请按图样（见图 4-1~图 4-3）要求完成该工作间的电气施工任务。

2）确保电路具有如下功能：

① 实现工业电路的设计、安装及其控制要求。

② 实现 S1、S2 开关双联控制 L1 灯；S4 开关控制 L3 灯；S3 开关控制 L2 灯和 KM。

③ 安装 P1、P2、P3 单相带接地插座；MOTOR 为电动机电源插座；POS 为输入电源。

3）根据图样上的元器件设置相关参数。

4）项目中所有的金属外壳或要求接地的元器件，均应可靠接地。

5）电路中导线颜色参照国家相关标准。

二、注意事项

1）在完成工作任务的过程中，要严格遵守电气施工的安全操作规程。

2）在电气施工过程中，照明电路的安装可参照《建筑电气工程施工质量验收规范》（GB 50303—2015）验收；低压电器的安装可参照《电气装置安装工程低压电器施工及验收规范》（GB 50254—2014）验收。

3）不得擅自更改施工图样中的安装尺寸和技术要求，若现场设备无法满足安装尺寸处，必须经相关人员同意后方可修改。

三、电路设计说明

（1）供电电源　3L+PE—380V（从 A2 柜引入电源）。

（2）信号指示灯要求

HL1——电源指示灯（红色），LOGO 上电时常亮。

HL2——急停，过载指示灯（黄色），急停或过载时常亮。

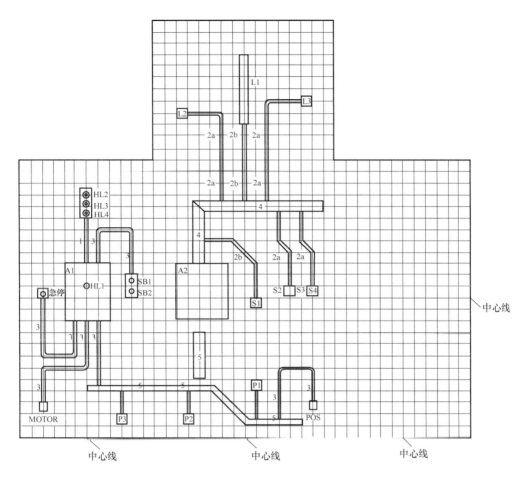

图　4-1

A1＝控制配电箱　A2＝照明配电箱　S1-S4＝开关　POS＝电源供电点　MOTOR＝电动机插座

P1-P3＝电源插座　L2-L3＝白炽灯　L1＝荧光灯

1＝铠装波纹管 φ20mm　2a＝PVC 线管 φ20mm　2b＝PVC 线管 φ16mm

3＝PVC 电缆　4＝PVC 线槽 80mm×60mm　5＝电缆桥架 100mm

HL3——正转指示（绿色），当电动机正转时常亮。

HL4——反转指示（黄色），当电动机反转时常亮。

（3）电动机运行要求　电动机采用三相异步电动机。

（4）LOGO 编程说明

1）电动机停止状态下按下 SB1 电动机正转，再按下 SB2 电动机停止运行。

2）电动机停止状态下按下 SB2 电动机反转，再按下 SB1 电动机停止运行。

3）急停或过载时电动机无法起动，直到复位。

（5）一般说明

1）所有外部设备必须在 DIN 导轨上使用端子连接到控制柜安装板。

2）控制柜安装板内部布局由选手根据需要自己决定，并完成安装。

3）所有金属器件必须安全接地。

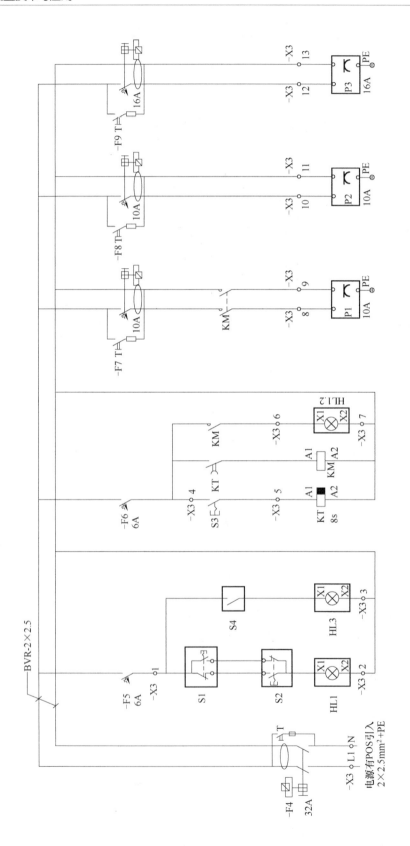

图 4-2 控制线路

注: 1. 照明及其控制线路导线选用 1mm²。

2. 10A 的插座供电导线选用 1.5mm²。

3. 16A 的插座供电导线选用 2.5mm²。

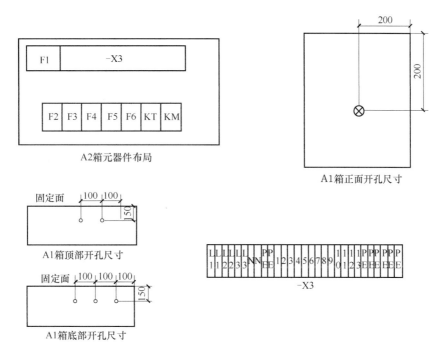

图 4-3　平面布置图

四、操作提示

大致操作步骤如下：

第一步，识图、标记、画图、定点。

第二步，安装底盒，安装配电箱（动力控制柜和照明控制柜）。

第三步，根据尺寸加工线槽并安装。

第四步，安装管夹（卡）、电缆的扎带底座。

第五步，安装轿架。

第六步，加工（根据图纸尺寸下料）安装线管（包括 PVC、金属、波纹管等）。

第七步，布线，先将两个配电箱布完，然后再去穿线（灯、传感器、电源插座、电机插座等），顺序可以根据个人的习惯来完成，布线完成后，用扎带固定。

第八步，检查完成后，将器件全部安装到位（包括槽盖盖上、配电箱门关闭、贴标签等）。

第九步，填写完测试报告并通过后，通电调试和编程，所有动作流程满足试题要求。

第十步，整理并交卷。

任务二　家用及商业电气安装与编程

根据客户提供的布局图（见图 4-4）完成施工，并按照客户提出的要求完成线路设计。

（1）供电电源　3L+N+PE-380V（由 POS 提供）。

（2）一般说明

1）依照国家标准正确选用导线颜色和尺寸（mm²）。

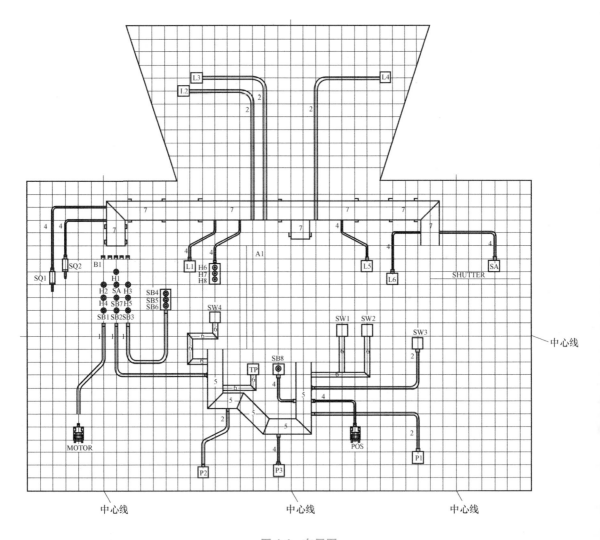

图 4-4　布局图

1—金属导管 φ20mm　2—PVC 导管 φ20mm　4—PVC 电缆　5—PVC 线槽 60mm×40mm

6—PVC 线槽 40mm×20mm　7—金属电缆树 150mm

SW1—施耐德按钮　SW2—ABB 6128 按钮　SW3—ABB 6127 按钮　SW4—位置开关

POS—供电点　P1~P3—电源插座　L1~L6—灯泡　SA—执行器　TP—网络接口

2）正确选用断路器的规格。必须正确选择 CB 的值（A）。

3）导线颜色使用要求：零线——蓝色；地线——黄绿；L1——黄色，L2——绿色，L3——红色；控制线路——黑色（0V）、红色（24V）。

4）急停按钮 SB8 控制 KM-A1、KM-B1。

一、B1 线路设计要求

（1）用电设备　电动机额定电压为 380V，额定电流为 1.8A。

（2）MOTOR 控制　由两个接触器控制且需互锁（KM1/KM2），KM1 控制电动机顺时针旋转（正转），KM2 控制电动机逆时针旋转（反转）。

（3）控制设备

SB1、SB3、SB4、SB5-NO（push button green 绿色按钮）。

SB2、SB6-NC（push button red 红色按钮）。

SB7、SB8-NC（Emergency button 急停按钮）。

SQ1、SQ2-NO+NC。

SA-2NO。

（4）信号指示灯要求

H1—显示 DC 24V 电源（白色）。

H2—显示手动运行常亮（绿色）。

H3—显示自动运行常亮（绿色）。

H4—显示电动机正转运行常亮（绿色）。

H5—显示电动机反转运行常亮（红色）。

H6—显示自动运行时正转 1Hz 闪烁（绿色）。

H7—显示自动运行时反转 1Hz 闪烁（红色）。

H8—显示电动机过载或当 SB7 被按下时（黄色）。

电动机过载，H8 闪烁（频率 1Hz）；SB7 被按下，H8 闪烁（频率 2Hz）；电动机过载且 SB7 被按下，H8 常亮。

（5）LOGO 控制要求 设计工厂用的开关门控制电路，电路使用西门子智能继电器 LOGO！当 SA 处于右位时，手动控制要求如下：

1）按下 SB1，KM1 得电，电动机顺时针旋转。

2）压合 SQ1，KM1 断电，电动机停止。

3）按下 SB3，KM2 得电，电动机逆时针旋转。

4）压合 SQ2，KM2 立即断电，电动机停止。

5）电动机运行过程中，按下 SB2，电动机立即停止运行。

当 SA 处于左位时，自动控制要求如下：

1）按下 SB4，KM1 得电，电动机顺时针旋转，H6 闪烁（1Hz）。

2）压合 SQ1，KM1 断电，电动机停止 5s。

3）5s 后，KM2 得电，电动机逆时针旋转，H7 闪烁（1Hz）。

4）压合 SQ1，KM2 立即断电，电动机停止。

5）电动机正转过程中 SB5 按钮无作用，反转过程中 SB4 按钮无作用。

6）正转/反转时按下 SB6，电动机立即停止。

7）按下 SB5，5s 后，KM2 得电，电动机逆时针旋转，H7 闪烁（1Hz），压合 SQ1，KM2 立即断电，电机停止。

8）THR 起动或 SB7 被按下，KM1 和 KM2 立即断电，且在 THR 重置或 SB7 复位前不可起动。

二、KNX 线路设计要求

1）ABB 开关执行器 1：A—L3、B—L4、C—L1、D—P2。

2）ABB 能源开关：A—P1、B—L5、C—P3。

3）ABB 调光模块：A—L2、B—L6。

4）百叶窗模块：A—下降；B—上升。

5）SW4 的 P1 为干接点通道 B，P2 为干接点通道 A。

三、KNX 编程要求

功能 1：

    PB 1：L1 ON/OFF

    —LED 显示 L1 状态（ON＝LED red；OFF＝LED green）

功能 2：

    PB 2：L2 ON/OFF

    —LED 显示 L2 状态（ON＝LED red；OFF＝LED green）

功能 3：

    PB 3：ON/调亮 L6

    —LED 显示 L6 状态（ON＝LED green；OFF＝LED OFF）

功能 4：

    PB 4：OFF/调暗 L6

    —显示 L6 状态（ON＝LED OFF；OFF＝LED green）

功能 5：

    PB 5：短按百叶窗＝停止/步进上升；长按百叶窗＝上升

功能 6：

    PB 6：短按百叶窗＝停止/步进下降；长按百叶窗＝下降

功能 7：

    PB 7：场景 1：L1＝OFF，L2＝80%，L3＝OFF，L4＝ON；L6＝50%，P1＝OFF，
        P3＝ON，百叶窗＝80%，板条＝100%

    —显示 L3 状态（ON＝LED OFF；OFF＝LED green）

功能 8：

    PB 8：场景 2：L1＝ON，L2＝40%，L3＝ON，L4＝ON；L6＝OFF，P1＝ON，
        P3＝ON，百叶窗＝50%，板条＝50%

    —显示 L4 状态（ON＝LED OFF；OFF＝LED green）

功能 9：

    PB 1：设定点＋

    PB 2：设定点－

    设定点调整范围：+/-9℃；

    当实际温度高于设定点时：加热（L5）ON，制冷（P2）OFF

    当实际温度低于设定点时：加热（L5）OFF，制冷（P2）ON

功能 10：

    PB 3：切换 ON/OFF/DIM L2

    —LED 显示 L2 状态（ON＝LED red；OFF＝LED green）

功能 11：

　　　　PB 4：RTC 模式切换 待机/舒适

　　　　—LED 显示 RTC 状态（待机＝LED red；舒适＝LED green）

功能 12：

　　　　PB 1：功能等同于 SB4

功能 13：

　　　　PB 2：功能等同于 SB5

功能 14：

　　　　PB 3：功能等同于 SB6

功能 15：

　　　　PB 4：功能等同于 SB7

附 录

附录 A LOGO！软件安装指南

一、安装步骤

第一步，使用与计算机匹配的安装程序，如图 A-1 所示。

第二步，找到 Setup. exe 软件安装包并双击。

第三步，进入软件安装页面，选择语言或者直接单击"OK"按钮，如图 A-2 所示。

图 A-1 寻找安装软件

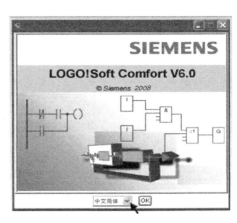

图 A-2 选择语言

第四步，选中"本人接受许可协议条款"然后单击"下一步"按钮，如图 A-3 所示。

第五步，选择默认文件夹或选择自定义文件夹，然后单击"下一步"按钮，如图 A-4 所示。

第六步，确定安装位置，选择默认或自定义，然后单击"安装"按钮，如图 A-5 所示。

第七步，第六步确定完成后，出现另外一个画面，如图 A-6 所示，选择"是"。

图 A-3 选择协议

图 A-4　选择文件夹

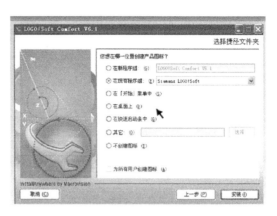

图 A-5　选择安装盘

第八步，选中"Install a new instance of this application"，然后单击"Next"按钮，如图 A-7 所示。

图 A-6　选择"是"

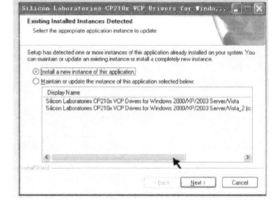

图 A-7　选择"Next"

第九步，驱动程序安装画面，单击"Next"按钮，如图 A-8 所示。

第十步，选中"I accept the terms of the license agreement"，然后单击"Next"按钮，如图 A-9 所示。

第十一步，继续安装，单击"Next"按钮，如图 A-10 所示。

第十二步，安装未完成，需继续，单击"Install"按钮，如图 A-11 所示。

第十三步，插件安件，单击"Install"按钮，如图 A-12 所示。

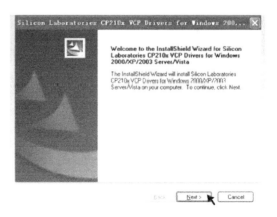

图 A-8　驱动选择"Next"

图 A-9　协议同意选择

图 A-10　选择"Next"

图 A-11　单击"Install"按钮

图 A-12　单击"Intall"按钮

　　第十四步，插件安装完成后，弹出图 A-13 所示画面（左图），然后单击"Finish"按钮，进入结束画面（右图）。

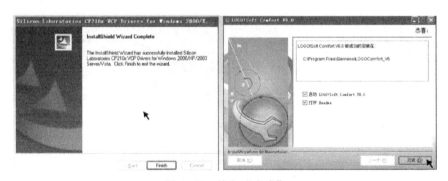

图 A-13　单击"完成"

二、升级步骤

　　1）首先打开 LOGO! Soft Comfort，单击"帮助"→"更新中心"，如图 A-14 所示。

2）选择因特网，然后单击"下一步"按钮，如图 A-15 所示。

3）选择是否使用代理服务器，若没有则单击"下一步"按钮，如图 A-16 所示。

4）选择更新服务包，然后单击"下一步"按钮，如图 A-17 所示。

5）下载完成，单击"确定"按钮，如图 A-18 所示。

6）现在开始解压缩，单击"下一步"按钮，如图 A-19 所示。

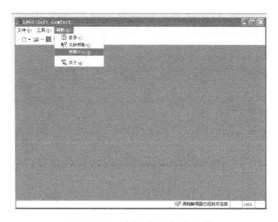

图 A-14　选择"更新中心"

图 A-15　选择"因特网"

图 A-16　单击"下一步"按钮

图 A-17　单击"下一步"按钮

图 A-18　单击"确定"按钮

7）更新文件开始安装，直到出现如图 A-20 所示界面，单击"完成"即可。

图 A-19　单击"下一步"按钮　　　　　图 A-20　单击"完成"

附录 B　KNX 软件安装指南

一、ETS 概述

作为 KNX 标准的制定者和所有者，KNX 协会提供了一个系统配置软件 ETS，ETS 就是一套工程工具软件，是和制造商无关的配置软件工具。它可以对 KNX 智能家居和楼宇控制安装系统进行设计和配置。ETS 需要在计算机的 Windows 操作系统中运行。它既是 KNX 标准的一部分，又是 KNX 系统的一部分。

它带来的好处有：

1）保证 ETS 软件和 KNX 标准的最大兼容性。

2）来自所有 KNX 制造商的经过认证的产品数据库都能导入 ETS。

3）ETS 对早期的 ETS 版本（最早可到 ETS2）中的产品及项目具有向下兼容性。

4）全球所有的设计师和安装商都使用同一个 ETS 工具软件，每一个 KNX 项目都使用了经过认证的 KNX 设备，保证了可靠的数据交换。

二、安装步骤

ETS 仅能自 KNX 在线商店（https：//my. knx. org/zh/shop）下载。下载后应先解压缩，执行 ETS5setup. exe 进行安装。

第一步，找到 ETS5 Setup. exe 软件安装包，然后双击安装包。

第二步，选择"我已阅读并同意了许可证书条款"，单击"安装"进入安装进程。

第三步，出现"已成功安装"后，单击"关闭"即可完成。

附录 C　典型仪表的使用

一、钳形电流表的使用

1. 使用方法

（1）测前检查与量程选择　首先正确选择钳形电流表的电压等级，检查其外观绝缘是否良好，有无破损，指针是否摆动灵活，钳口有无锈蚀等。根据电动机功率估计额定电流，以选择表的量程，如图 C-1 所示。

（2）电表类型判断　在使用钳形电流表前应仔细阅读说明书，弄清是交流还是交直流两用钳形电流表，如图 C-2 所示。

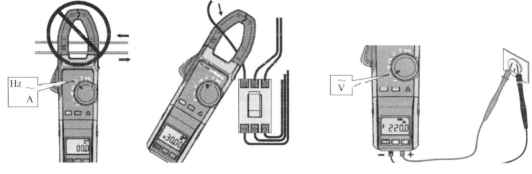

图 C-1　选择量程　　　　　　　　图 C-2　判断电流表类型

（3）小电流测量方法　由于钳形电流表本身精度较低，在测量小电流时，先将被测电路的导线绕几圈，再放进钳形电流表的钳口内进行测量。此时钳形电流表所指示的电流值并非被测量的实际值，实际电流应当为钳形电流表的读数除以导线缠绕的圈数，如图 C-3 所示。

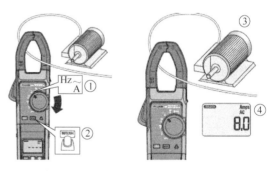

2. 注意事项

1）钳形电流表的钳口在测量时要紧密闭合，闭合后如有杂音，可打开钳口重合一次，若杂音仍不能消除，应检查磁路上各接合面是否光洁，有尘污时要擦拭干净。

2）钳形电流表每次只能测量一相导线的电流，被测导线应置于钳形窗口中央，不可以将多相导线都夹入窗口测量，如图 C-4 所示。

3）被测电路电压不能超过钳形电流表

图 C-3　测量方法

图 C-4　测量窗口

上所标明的数值，否则容易造成接地事故，或者引起触电危险。

4）测量运行中的笼型异步电动机的工作电流时，应根据电流大小，检查并判断电动机工作情况是否正常，以保证电动机安全运行，延长使用寿命。

5）测量时，可以每相测一次，也可以三相测一次，此时表上数字应为零，当钳口内有两根相线时，表上显示数值为第二相的电流值，通过测量各相电流可以判断电动机是否有过载现象，电动机内部或电源电压是否有问题，即三相电流不平衡是否超过 10% 的限度。

6）钳形电流表测量前应先估计被测电流的大小，再决定选用钳形电流表哪一量程。若无法估计时，可先用最大量程档然后逐渐减小量程，以便获得准确的读数。

二、绝缘电阻表的使用

1）测量前应选用与被测元件电压等级相适应的绝缘电阻表，对于 500V 及以下的线路或电气设备，应使用 500V 或 1000V 的绝缘电阻表。对于 500V 以上的线路或电气设备，应使用 1000V 或 2500V 的绝缘电阻表，见表 C-1。

表 C-1　选择绝缘电阻表的主要技术参数

被 测 对 象	被测设备或线路额定电压/V	选用的仪表/V
线圈的绝缘电阻	500	500
线圈的绝缘电阻	500	1000
电机绕组绝缘电阻	500	1000
变压器、电机绕组、绝缘电阻	500	1000～2500
电气设备和电路绝缘	500	500～1000
电气设备和电路绝缘	500	2500～5000

绝缘电阻表的外形如图 C-5 所示。

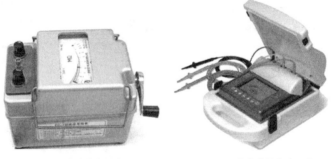

a) 机械式绝缘电阻表　　　　　　　　b) 数字式绝缘电阻表

图 C-5　绝缘电阻表的外形

2）用绝缘电阻表测试高压设备的绝缘时，应由两人进行。

3）测量前必须将被测线路或电气设备的电源全部断开，即不允许带电测量绝缘电阻，并且要查明线路或电气设备上无人工作后方可进行。

4）绝缘电阻表使用的表线必须是绝缘线，且不宜采用双股绞合绝缘线，其表线的端部应有绝缘护套；绝缘电阻表的线路端子"L"应接设备的被测相，接地端子"E"应接设备外壳及设备的非被测相，屏蔽端子"G"应接到保护环或电缆绝缘护层上，以减小绝缘表面泄漏电流对测量造成的误差。

5）首先对绝缘电阻表进行开路校检。即在绝缘电阻表"L"端与"E"端空载的情况下摇动绝缘电阻表，其指针应指向"∞"；在绝缘电阻表"L"端与"E"端短接的情况下摇动绝缘电阻表，其指针应指向"0"。综合这两种情况，说明绝缘电阻表性能良好，可以使用，如图 C-5 所示。

6）测试前必须将被试线路或电气设备接地放电。测试线路时，必须取得对方允许后方可进行。

7）测量时，摇动绝缘电阻表手柄的速度要均匀，以 120r/min 为宜；保持稳定转速 1min 后，读取读数，以便躲开吸收电流的影响。

8）测试过程中两手不得同时接触两根线。

9）测试完毕应先拆线，后停止摇动绝缘电阻表，以防止电气设备向绝缘电阻表反充电导致绝缘电阻表损坏。

三、接地电阻测试仪的使用

1. 接地电阻测试要求

1）交流工作接地，接地电阻不应大于 4Ω。

2）安全工作接地，接地电阻不应大于 4Ω。

3）直流工作接地，接地电阻应按计算机系统具体要求确定。

4）防雷保护接地的接地电阻不应大于 10Ω。

5）对于屏蔽系统如果采用联合接地时，接地电阻不应大于 1Ω。

2. 使用与操作

（1）接线方式的规定

1）仪表上的 E 端钮接 5m 导线，P 端钮接 20m 导线，C 端钮接 40m 导线，导线的另一端分别接被测物接地极 E′、电位探棒 P′和电流探棒 C′，且 E′、P′、C′应保持直线，其间距为 20m。

2）测量大于或等于 1Ω 接地电阻时接线如图 C-6 所示，应将仪表上的两个 E 端钮连接在一起。

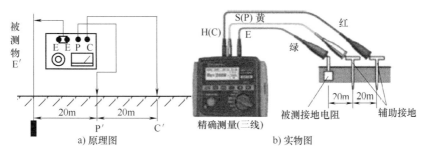

a) 原理图　　　　　　　　b) 实物图

图 C-6　测量大于或等于 1Ω 接地电阻时接线图

3）测量小于 1Ω 接地电阻时接线如图 C-7 所示，应将仪表上两个 E 端钮导线分别连接到被测接地体上，以消除测量时连接导线电阻对测量结果引入的附加误差。

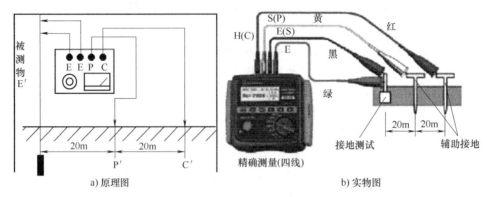

a) 原理图　　　　　　　　　　　　b) 实物图

图 C-7　测量小于 1Ω 接地电阻时接线图

（2）操作步骤

1）仪表端所有接线应正确无误。

2）仪表连线与接地极 E′、电位探棒 P′ 和电流探棒 C′ 应牢固接触。

3）仪表放置水平后，调整检流计的机械零位、归零。

4）将"倍率开关"置于最大倍率，逐级加快摇柄转速，使其达到 150r/mim。当检流计指针向某一方向偏转时，旋动刻度盘，使检流计指针恢复到"0"点，此时刻度盘上的读数乘上倍率档即为被测电阻值。

5）如果刻度盘读数小于 1Ω，检流计指针仍未取得平衡，可将倍率开关置于小一档的倍率，直至调节到完全平衡为止。

（3）电路原理　接地电阻测量原理如图 C-8 所示，测量示意图如图 C-9 所示。

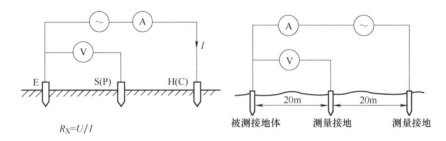

$R_X = U/I$

图 C-8　接地电阻测量原理

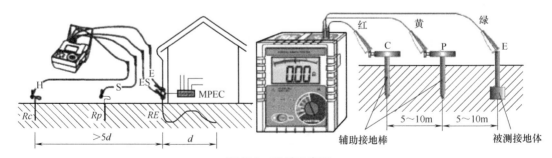

图 C-9　测量示意图

（4）绝缘电阻和接地电阻的区别

1）如图 C-10 所示，绝缘电阻是测试电线电缆相间、层间以及中性点之间的绝缘程度，测试数值越高，绝缘性能越好，可以采用 DMG2672 型绝缘电阻表进行测量。

2）如图 C-11 所示，接地电阻是电气设备依靠大地连接成同电位的一种方法，是反映导线或防雷引下线与大地接触的紧密程度，接地电阻值的大小是保证人身安全的一种有效措施，可以采用 DER2571 型数字式接地电阻测试仪进行测量。

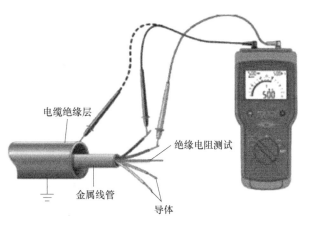

图 C-10　绝缘电阻的测量

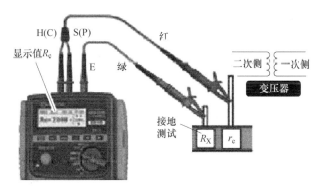

图 C-11　接地电阻的测量

附录 D　电气装置专业技术规范与评分标准

表 D-1　个人与安全部分

编码	防护用品的使用	正 确 方 式	错 误 方 式
A-01	工作服：施工过程中始终穿着紧身工作服		

（续）

编码	防护用品的使用	正确方式	错误方式
A-02	安全帽：施工过程中始终戴好安全帽	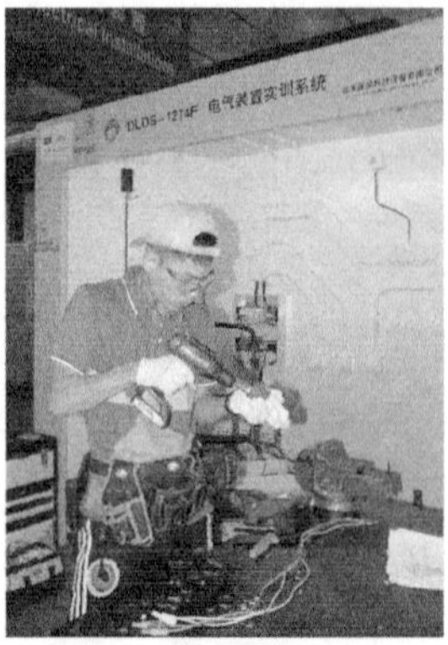	
A-03	防护手套：在使用锯弓或手电钻及进行锉、锯等操作时必须戴防护手套	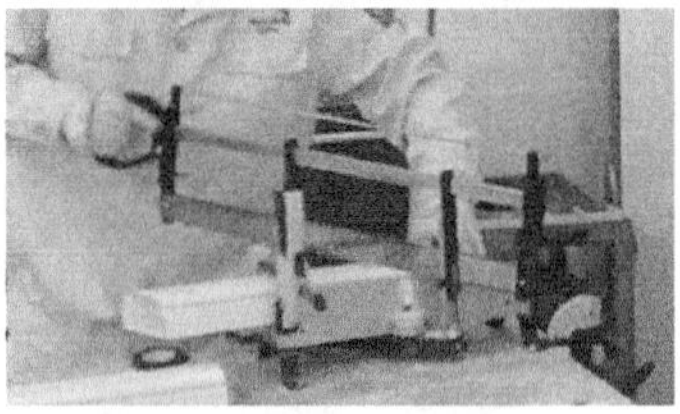	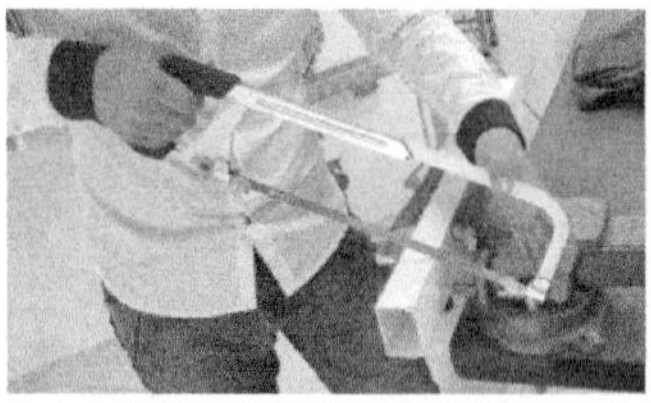
A-04	电工绝缘手套：在通电测试时，应正确穿戴电工绝缘防护手套	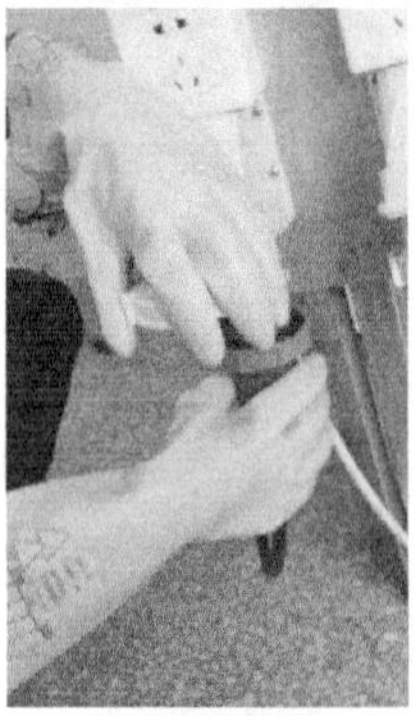	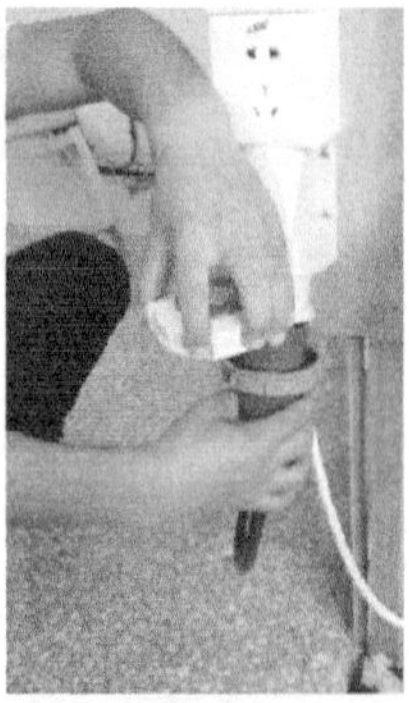
A-05	绝缘防护鞋：操作时始终穿着绝缘防护鞋（带防护钢头）		
A-06	场地整理：操作过程中始终保持施工区域物品摆放整齐，操作结束后应立即清理场地		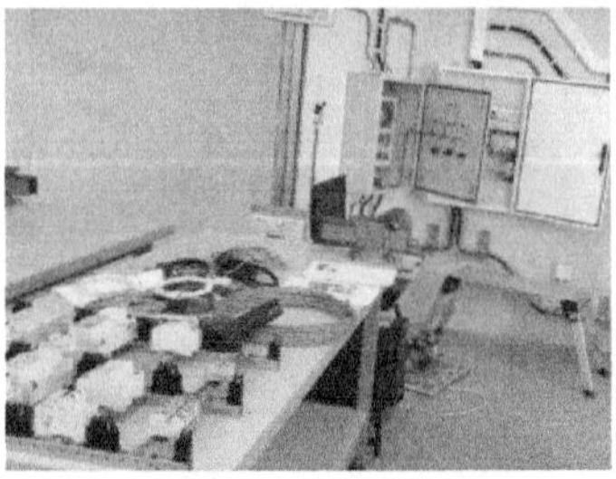

表 D-2　功能与测试部分

编码	功能测试	正确方式	错误方式
B-01	接地连续性电阻测量：主接地端和装置上所需接地的任意一点之间的电阻不能超过 0.5Ω	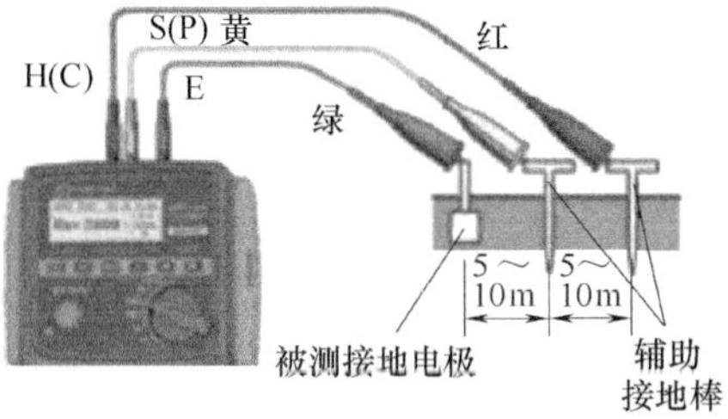	
B-02	绝缘电阻测量：任意带电导体和任意接地导体之间的最小电阻不能小于 1MΩ	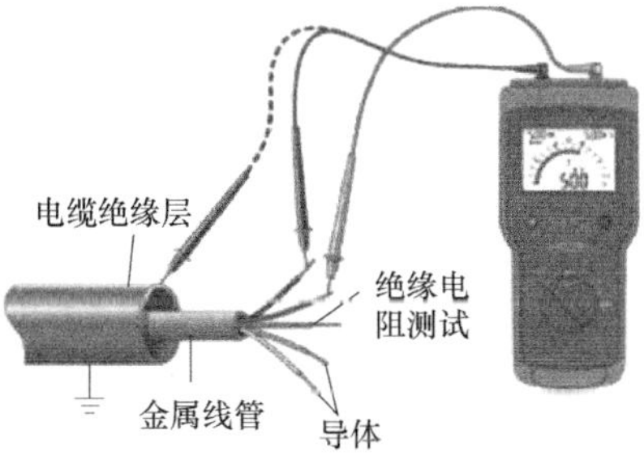	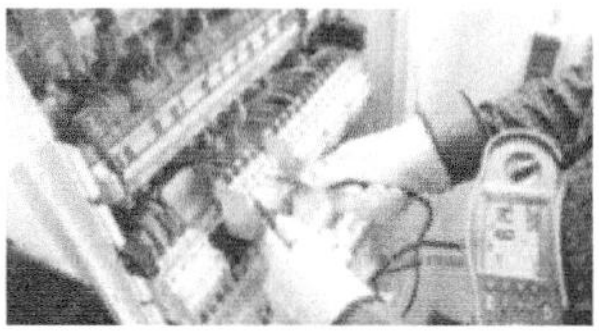
B-03	测试报告填写：符合要求且数值与单位齐全	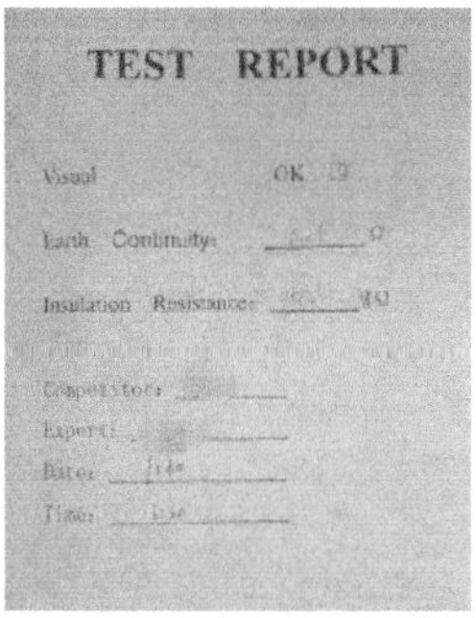	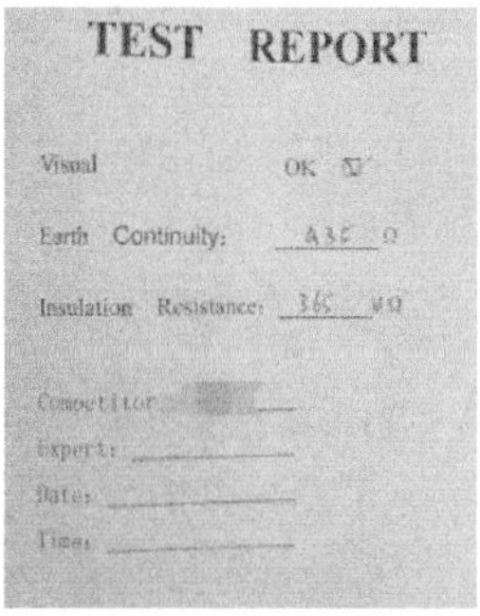
B-06	接地要求：确保所有需接地的设备、金属器材良好接地，灯盒等预留接地线		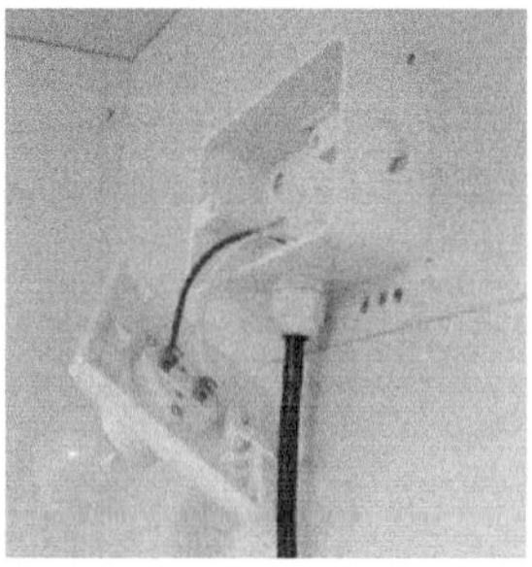
B-07	插座极性要求：确保插座极性符合国家标准，一般左零线、右相线	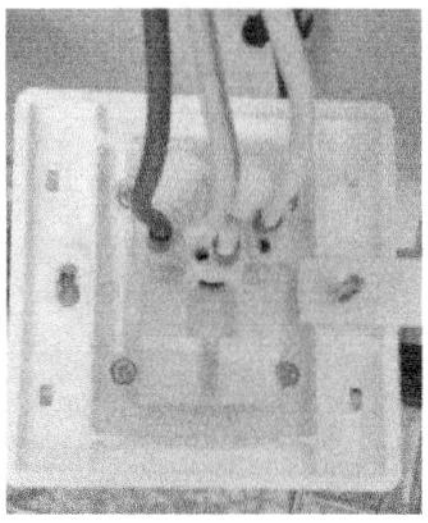	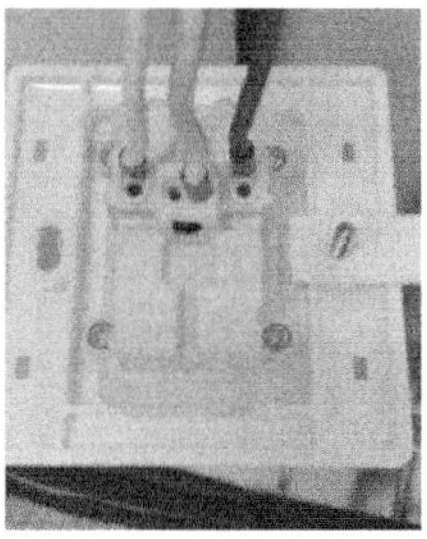

（续）

编码	功能测试	正确方式	错误方式
B-08	盖板与面板安装要求：通电前必须确保所有盖板、盒（箱）面板均已牢固安装	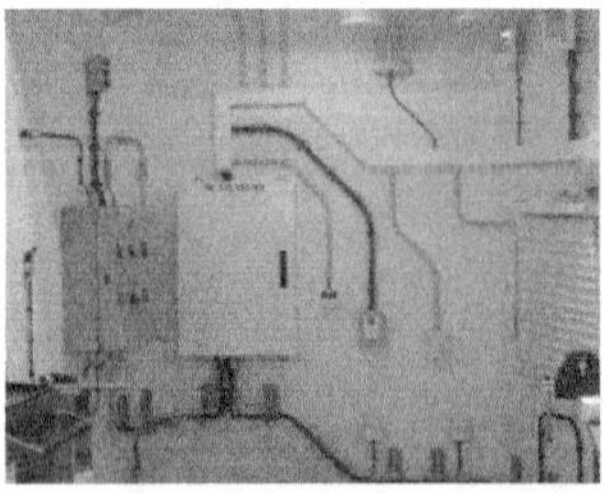	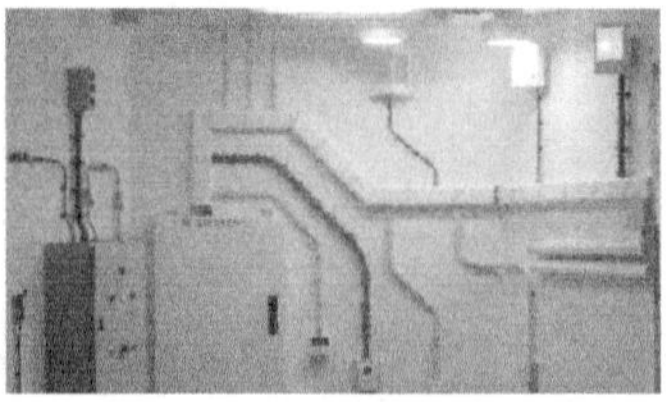

表 D-3　线路设计和安装

编码	基本要求	正确方式	错误方式
C-01	根据线路负载功率选用正确的断路器	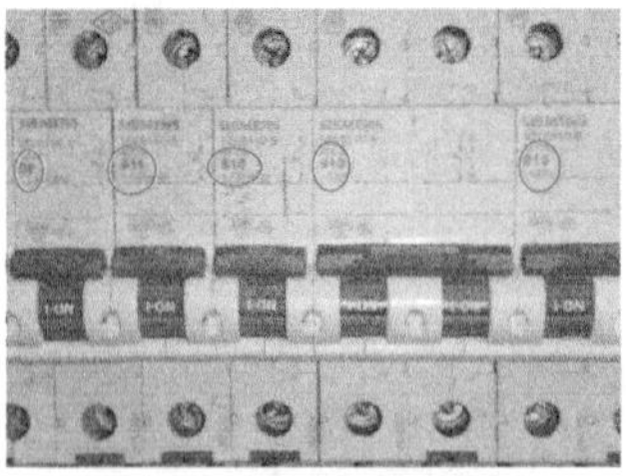	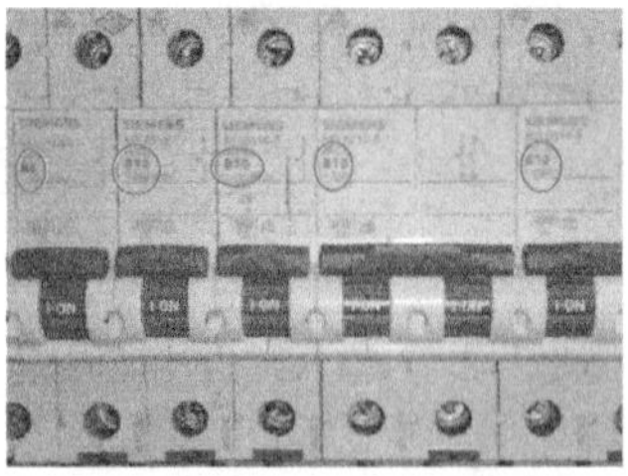
C-02	根据断路器容量选用正确规格的导线	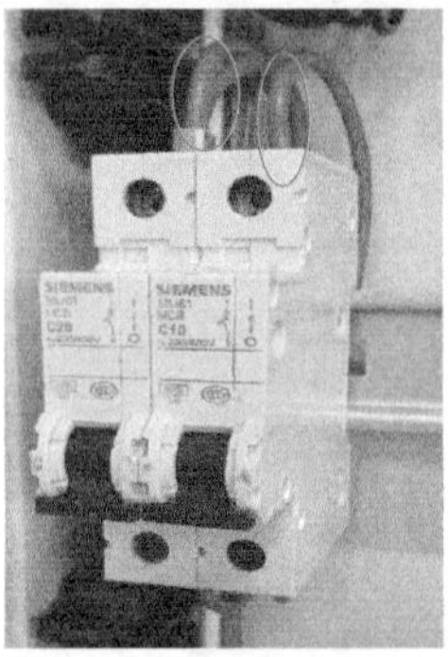	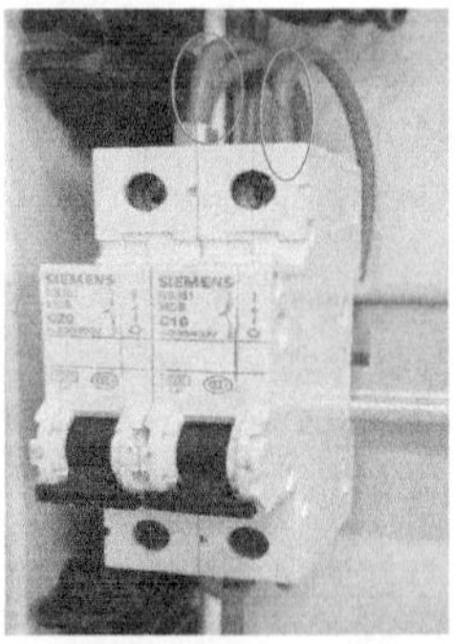
C-03	根据说明正确选择导线的颜色：L1-黄、L2-绿、L3-红、N-淡蓝、PE-黄绿双色线	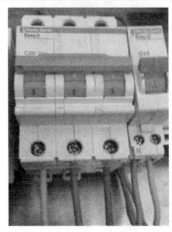	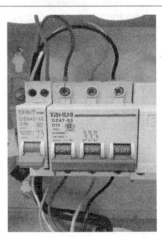

表 D-4　设备与线路安装

施工对象	编码	基本要求	正确方式	错误方式
PVC 线槽加工与安装部分	E-10	按图施工，线槽的中心或边缘到参考线的尺寸误差在 ±2mm 以内	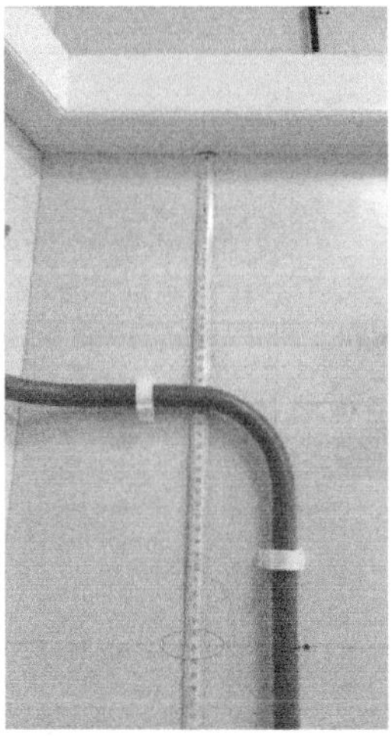	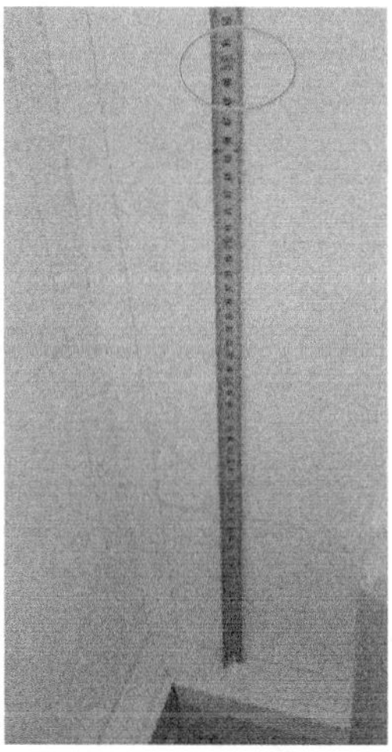
	E-11	水平度要求	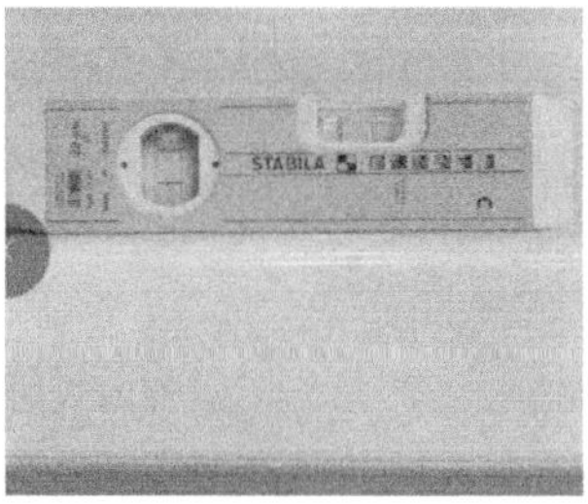	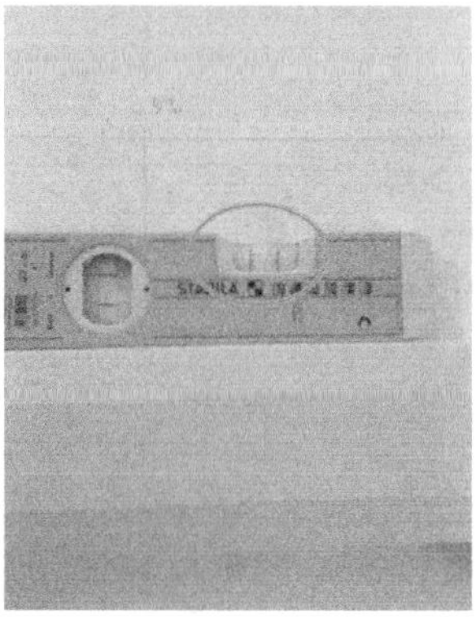
	E-12	线槽加工处无毛刺		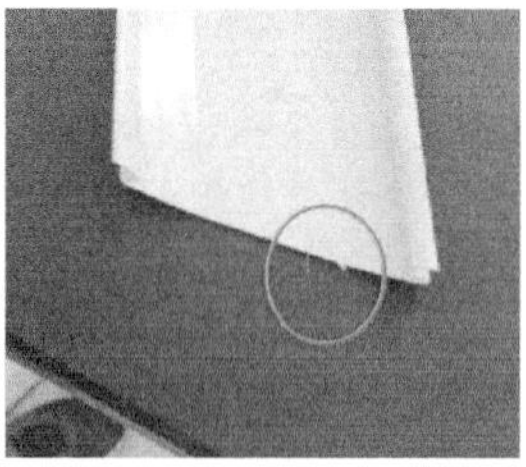
	E-13	线槽连接缝隙小于1mm		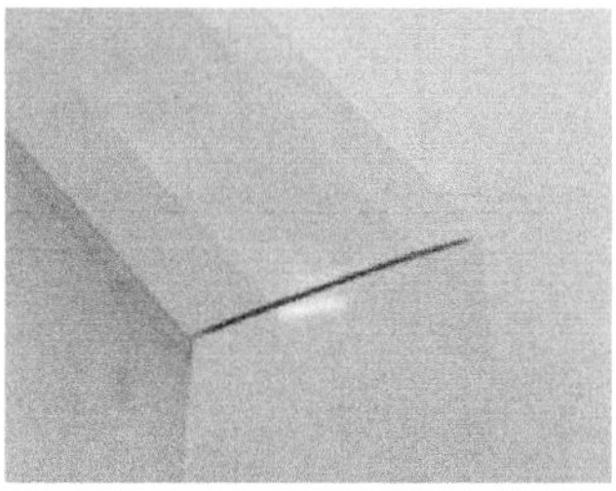

（续）

施工对象	编码	基本要求	正确方式	错误方式
PVC 线槽 加工与 安装部分	E-14	线槽需完全 盖住，没有翘 起和未完全盖 住现象	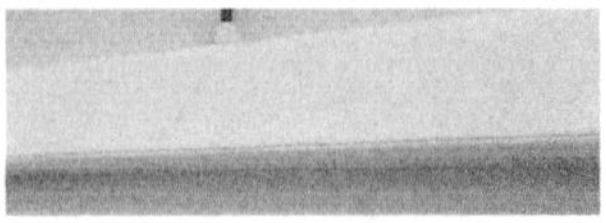	
	E-15	PVC 线槽的 末端需进行封 堵处理		
	E-16	线槽固定点 最大间距应符 合要求	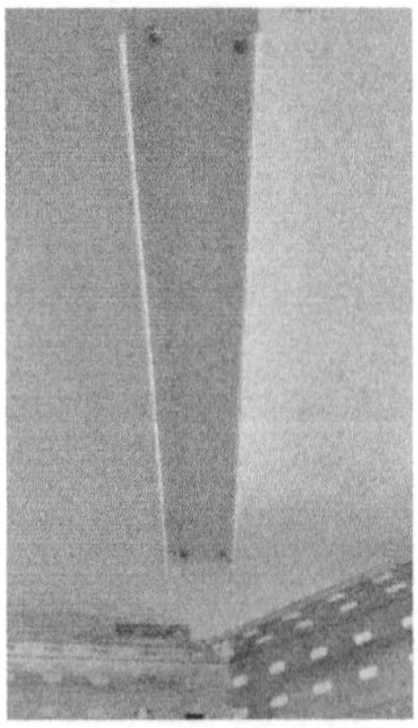	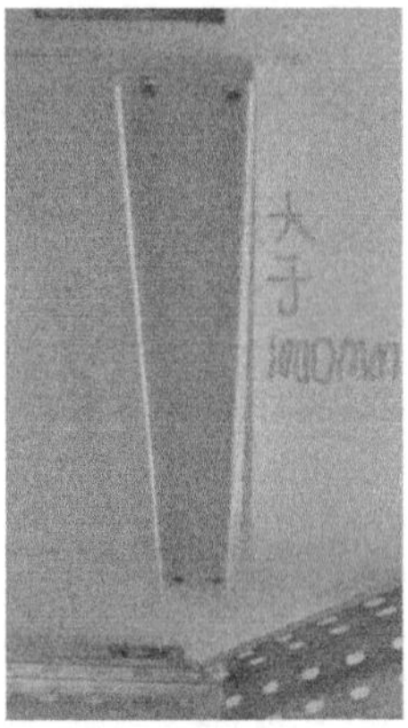
	E-17	固定点应呈 一条直线，间 距应保持一致		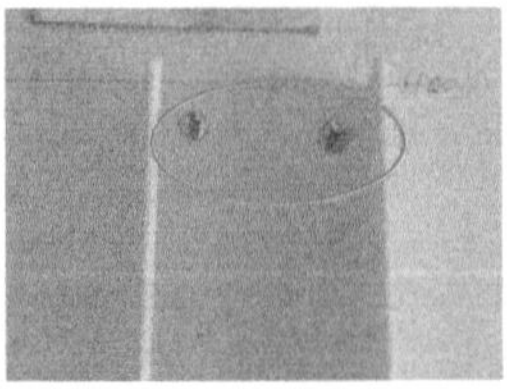

（续）

施工对象	编码	基本要求	正确方式	错误方式
PVC 线槽加工与安装部分	E-18	弯角（或折角）两端、进盒（箱）处，直线槽两端、进线槽处需有固定点		
	E-19	线槽表面无施工痕迹残留		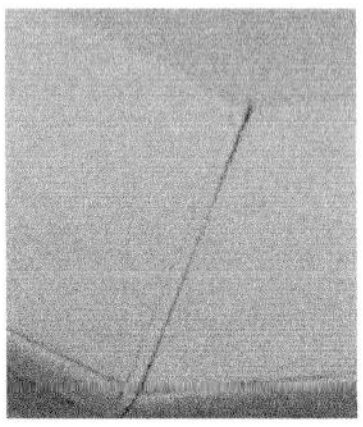
	E-20	线槽内导线不得扭绞、接头，不准将安装中的多余导线塞进线槽	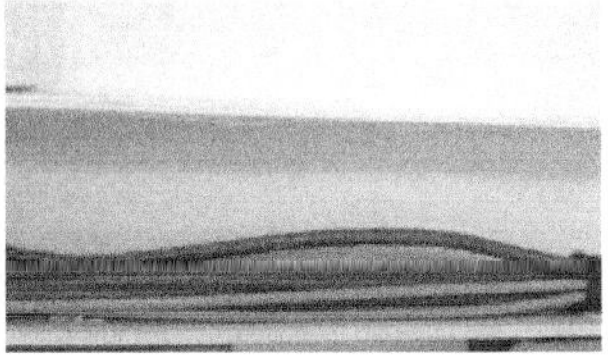	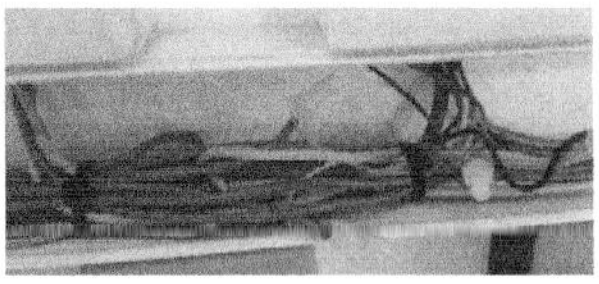
PVC 线管加工与安装部分	E-21	按图施工，PVC 线管的中心到参考线的尺寸误差在 ±2mm 以内	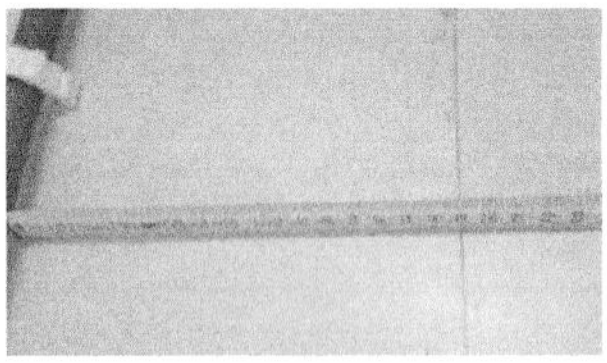	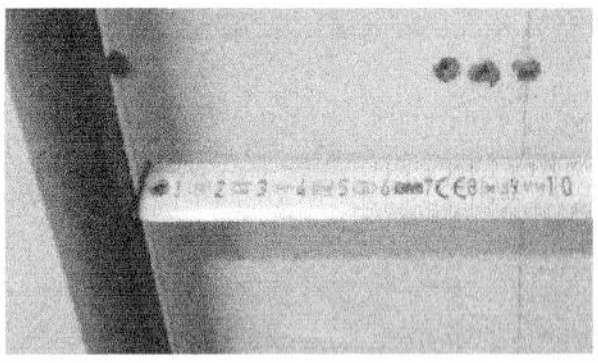
	E-22	PVC 线管安装时要求水平、竖直	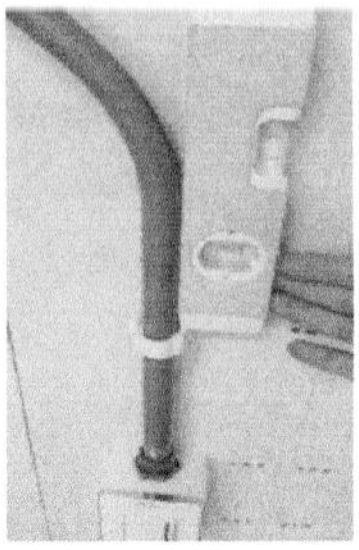	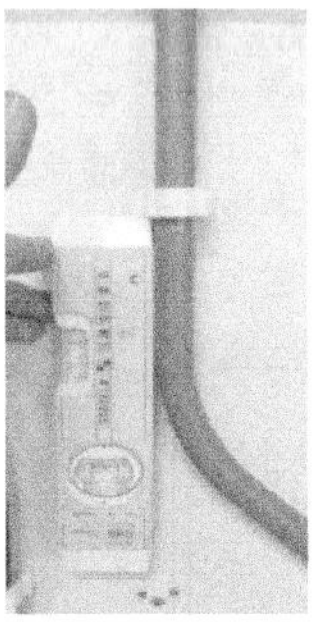

（续）

施工对象	编码	基本要求	正确方式	错误方式
PVC 线管加工与安装部分	E-23	终端点和弯曲处之间，至少安装一个管卡	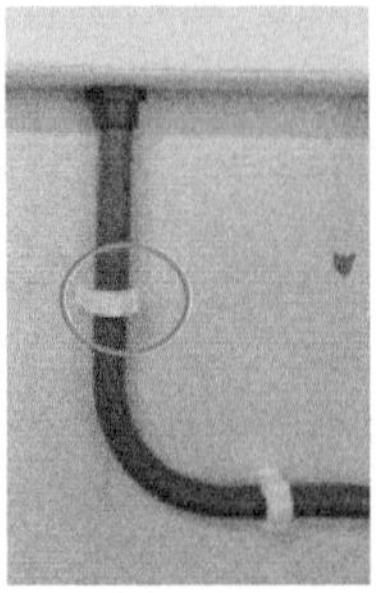	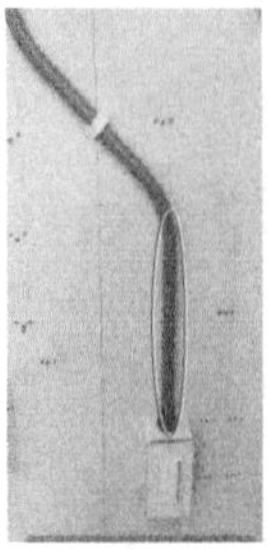
	E-24	弯曲处和弯曲处之间，至少安装一个管卡	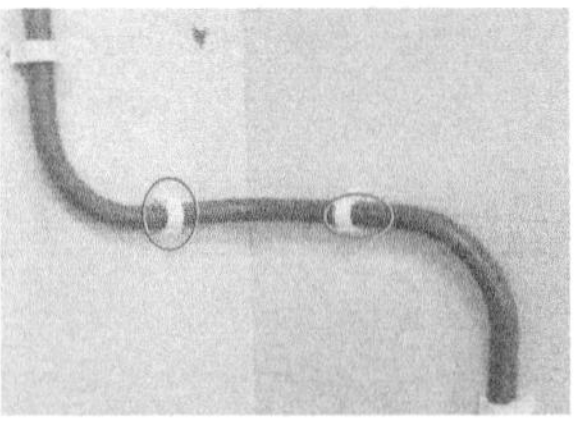	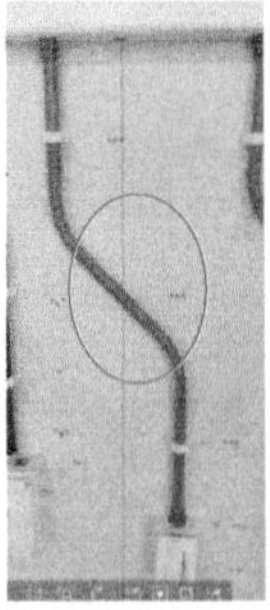
	E-25	终端点和终端点之间，至少安装一个管卡	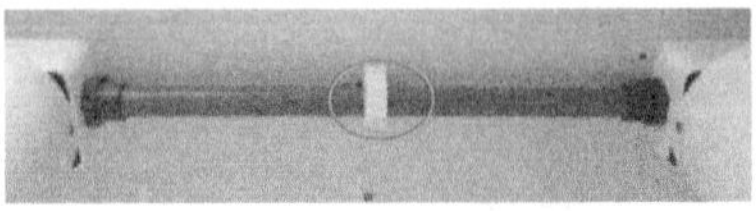	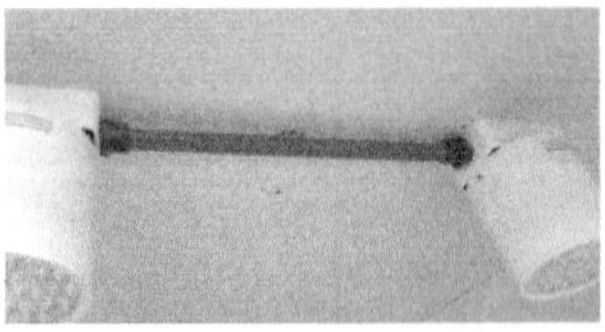
	E-26	如果任意弯曲处或终端点之间的距离超过1m，那么每有1m就额外添加一个管卡	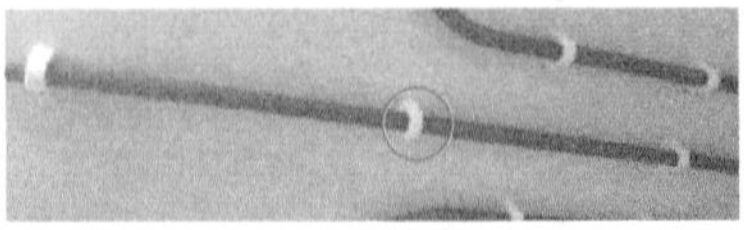	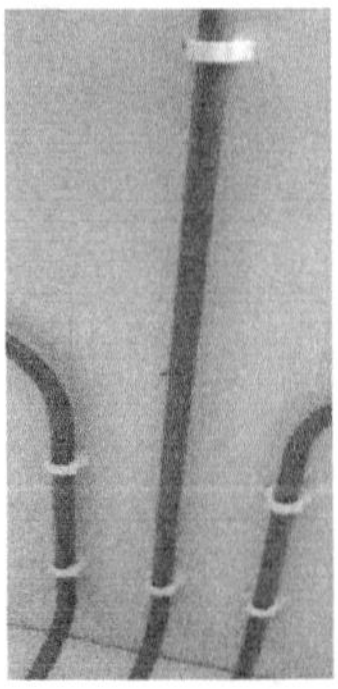

（续）

施工对象	编码	基本要求	正确方式	错误方式
PVC 线管加工与安装部分	E-27	线管应完全压入管卡内	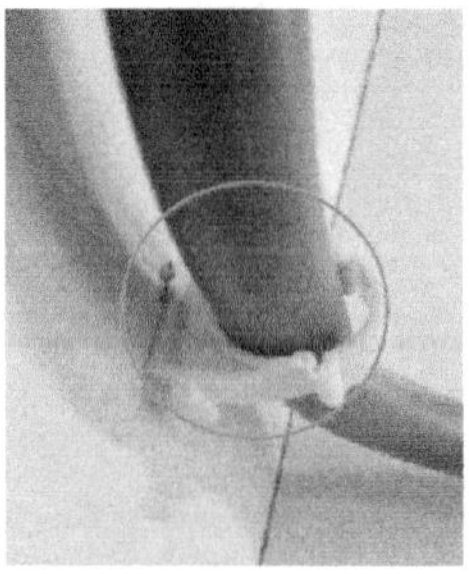	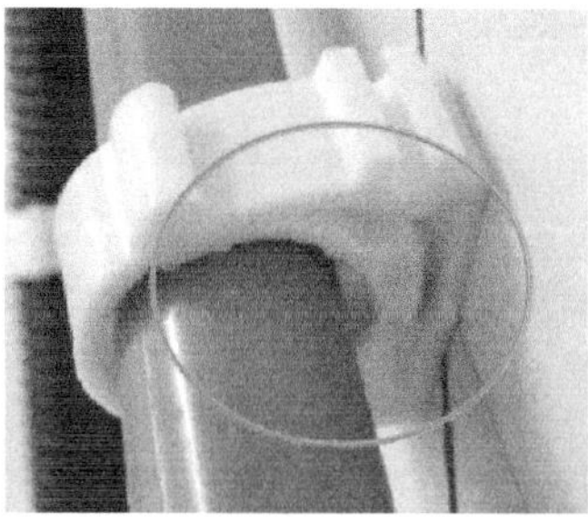
	E-28	转弯处两端管卡应对称	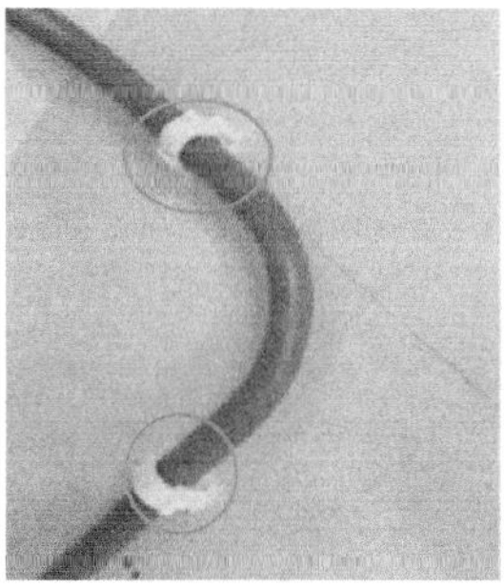	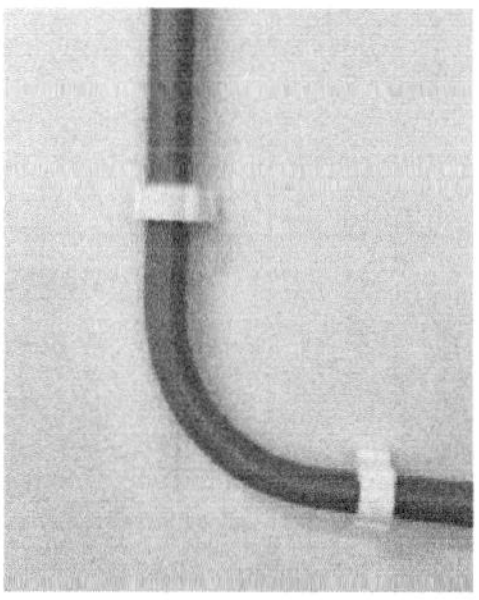
	E-29	线管直接进盒（箱），进盒（箱）前的固定管卡中孔与盒（箱）边距离大于 80mm	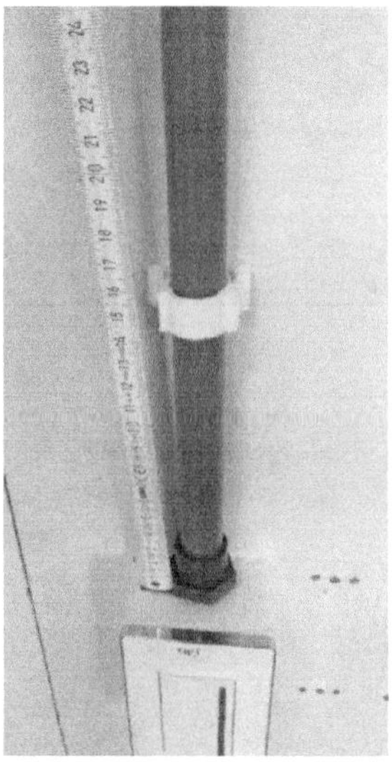	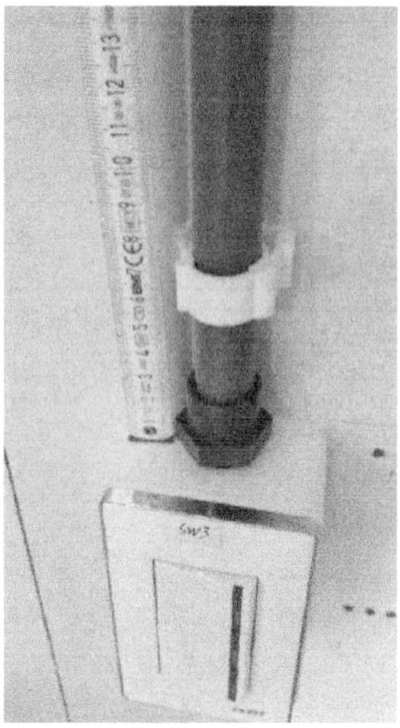

（续）

施工对象	编码	基本要求	正确方式	错误方式
PVC线管加工与安装部分	E-30	鸭脖弯进盒（箱）的线管进盒（箱）前要有管卡固定，管卡固定孔与盒（箱）边距离为180~300mm	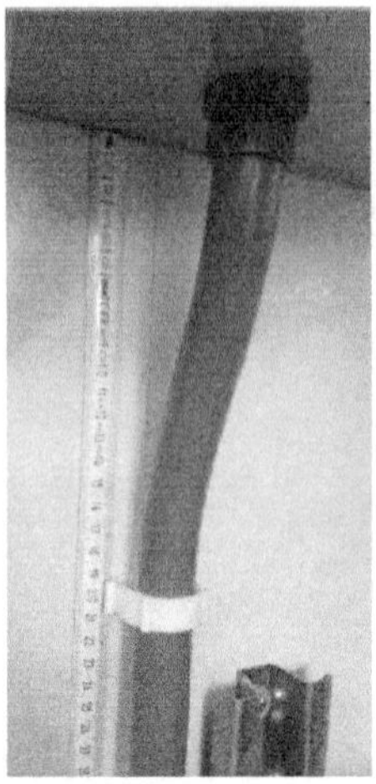	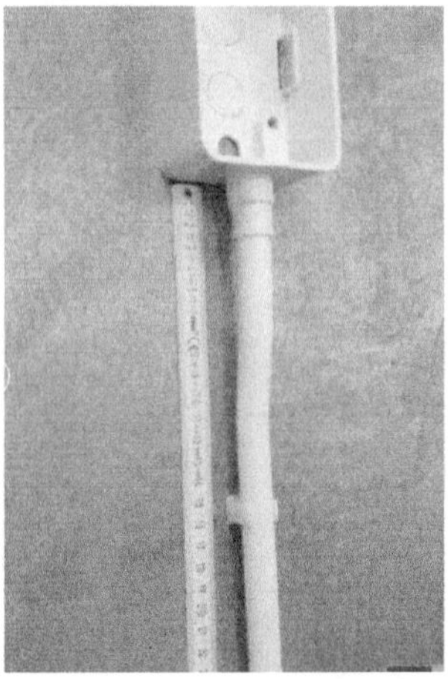
	E-31	线管弯曲处光滑，无皱纹、变形	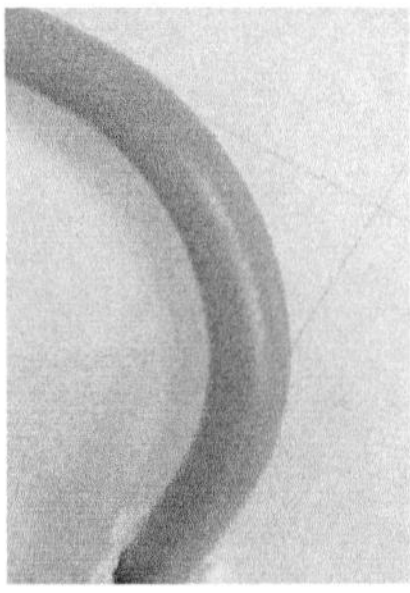	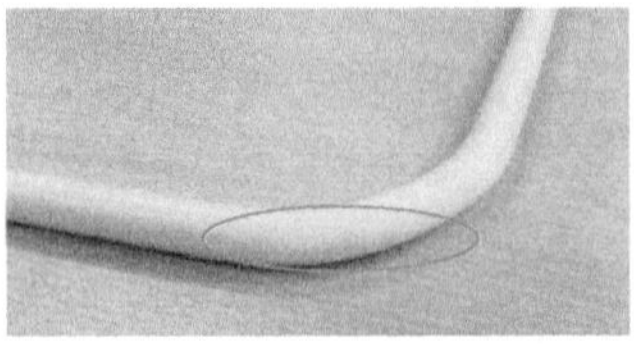
	E-32	线管的弯曲半径应为线管外径的4~6倍	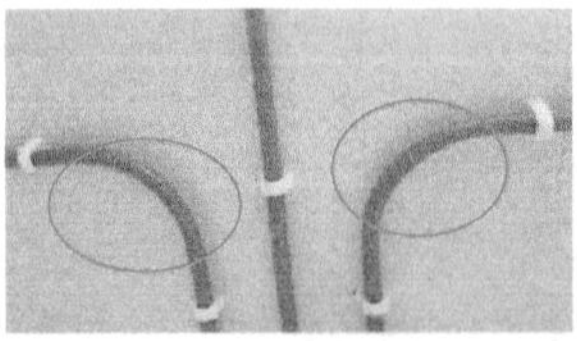	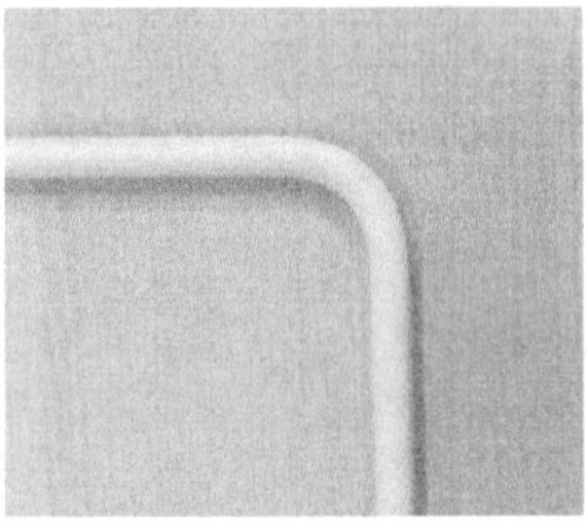
	E-33	弯曲处角度偏差不大于±2°	—	—
	E-34	线管入槽（盒、箱）时必须加接连接件	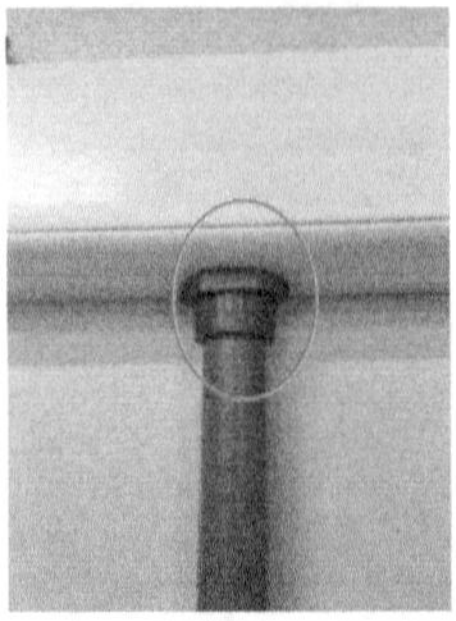	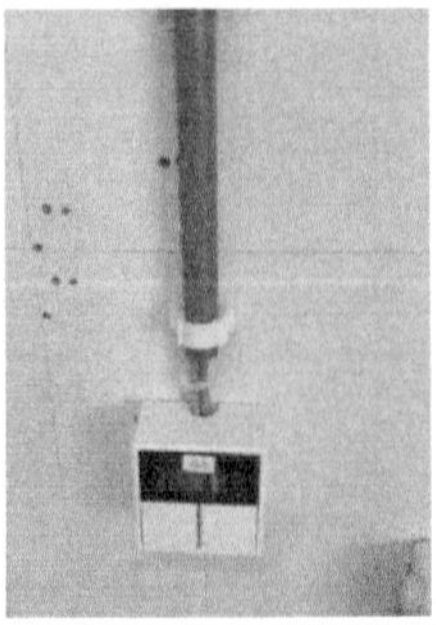

（续）

施工对象	编码	基本要求	正确方式	错误方式
PVC 线管 加工与 安装部分	E-35	根据施工图，线管入盒时，必须对准盒的中心	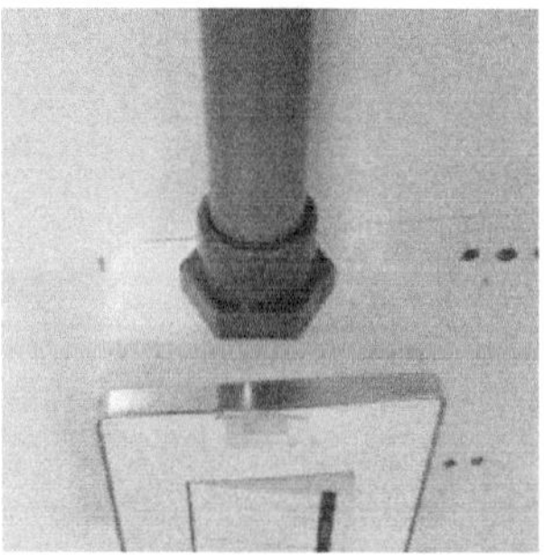	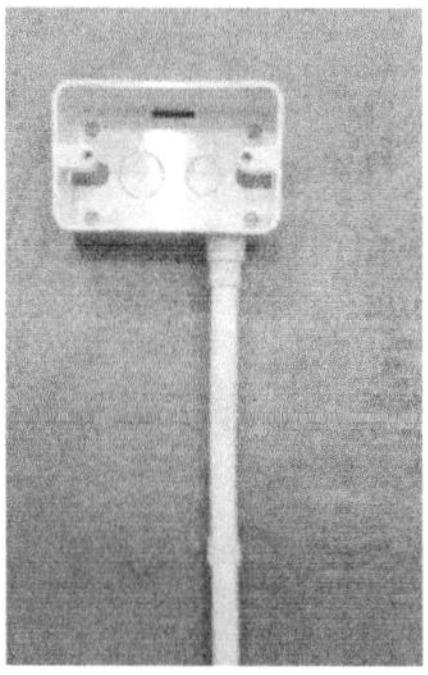
	E-36	PVC 线管表面无施工痕迹残留	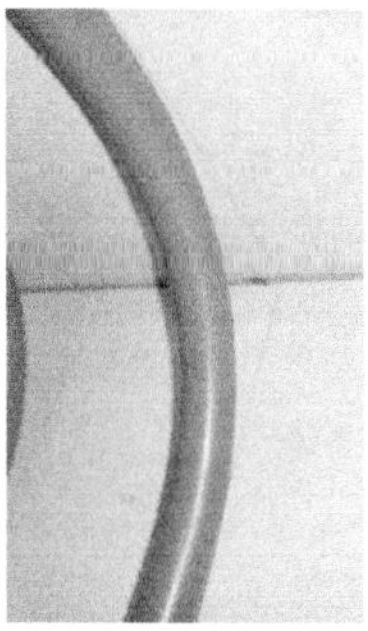	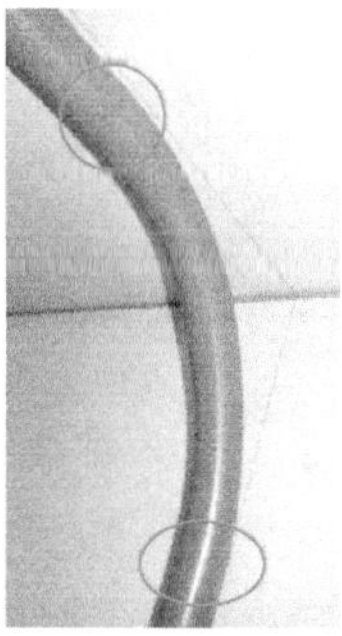
金属线管 加工与 安装部分	E-37	按图施工，金属线管的中心到参考线的尺寸误差在 ±2mm 以内	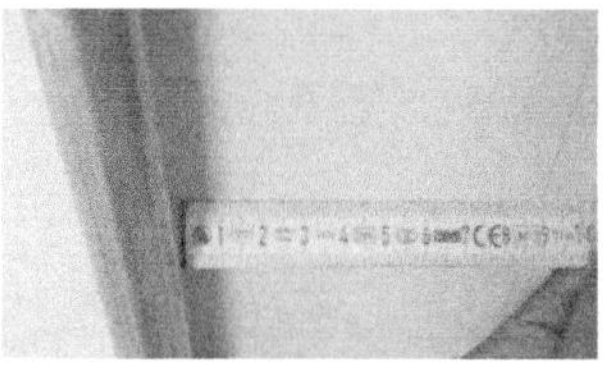	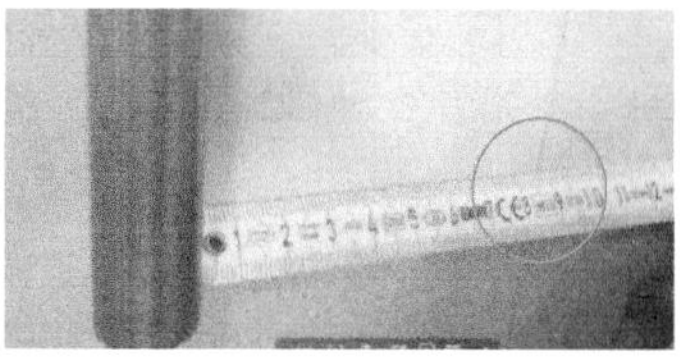
	E-38	金属线管安装时要求水平、竖直	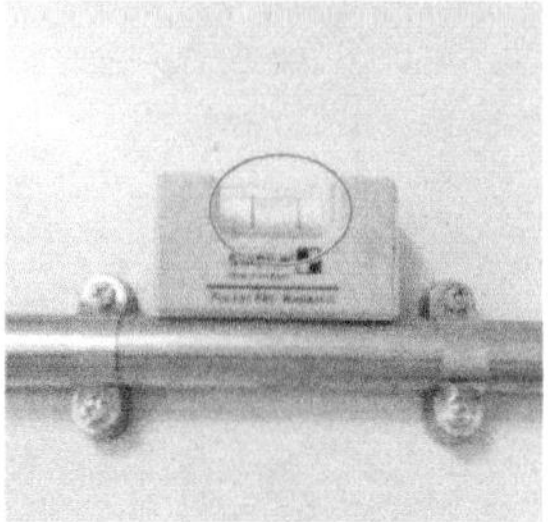	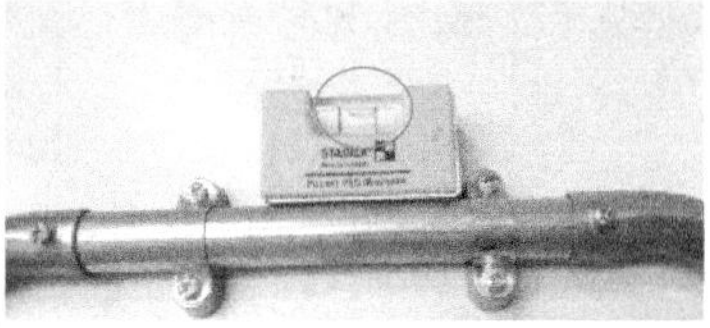

（续）

施工对象	编码	基本要求	正确方式	错误方式
金属线管加工与安装部分	E-39	终端点和弯曲处之间，至少安装一个管卡	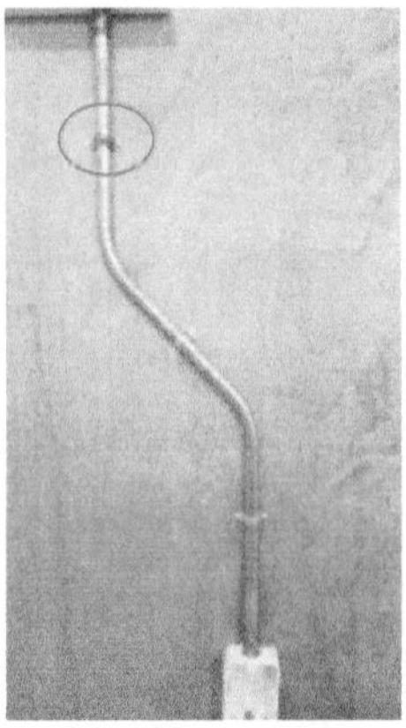	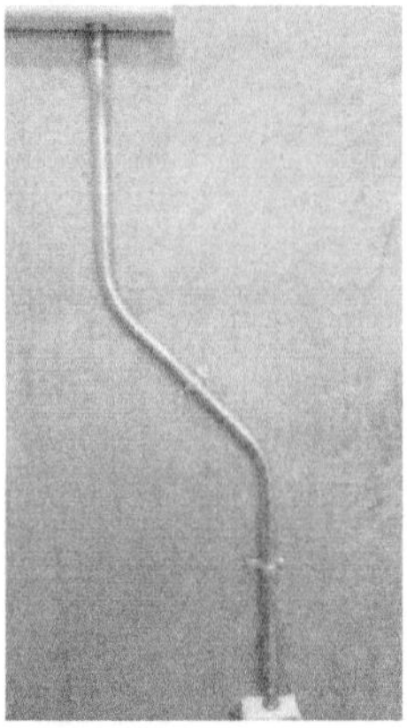
	E-40	弯曲处和弯曲处之间，至少安装一个管卡	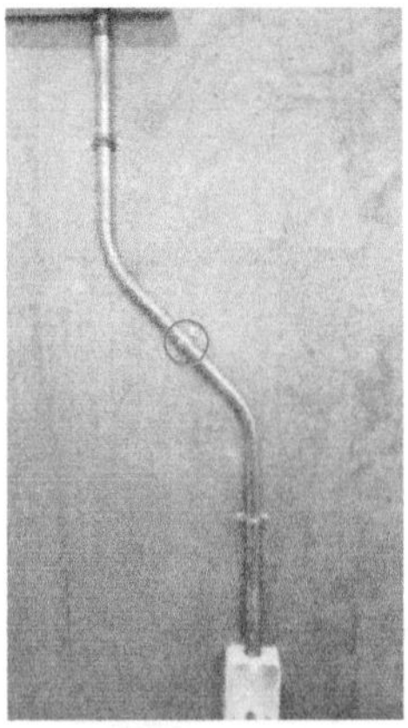	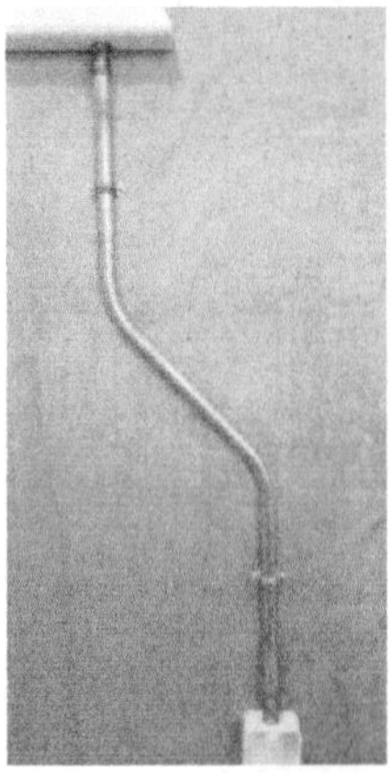
	E-41	终端点和终端点之间，至少安装一个管卡	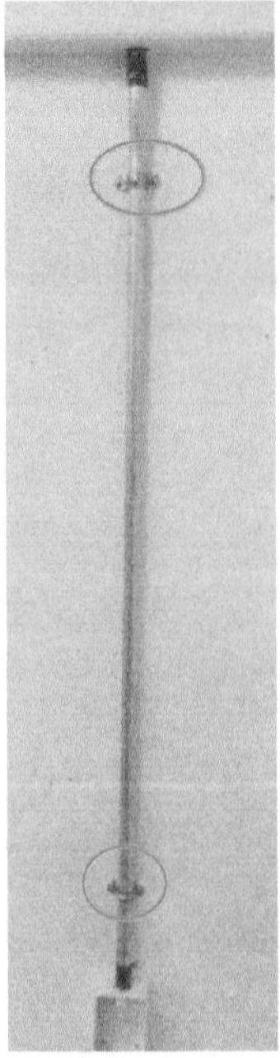	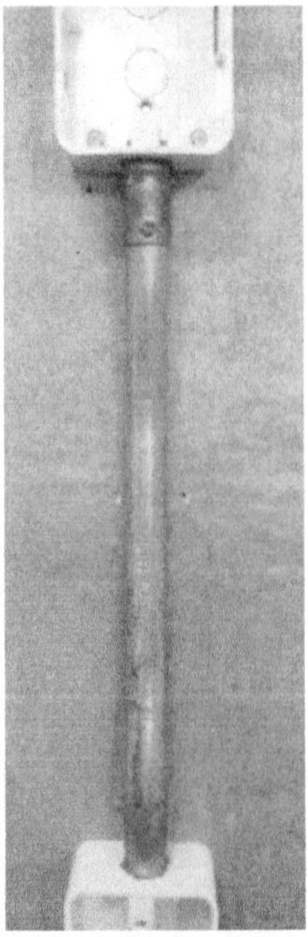

（续）

施工对象	编码	基本要求	正确方式	错误方式
金属线管加工与安装部分	E-42	如果任意弯曲处或终端点之间距离超过1m，那么每有1m就额外添加一个管卡	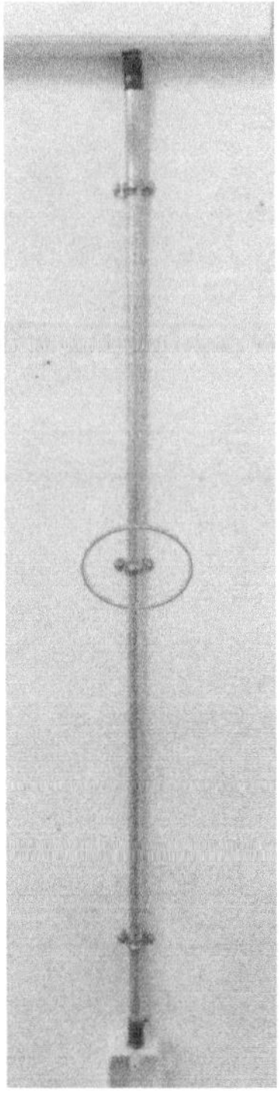	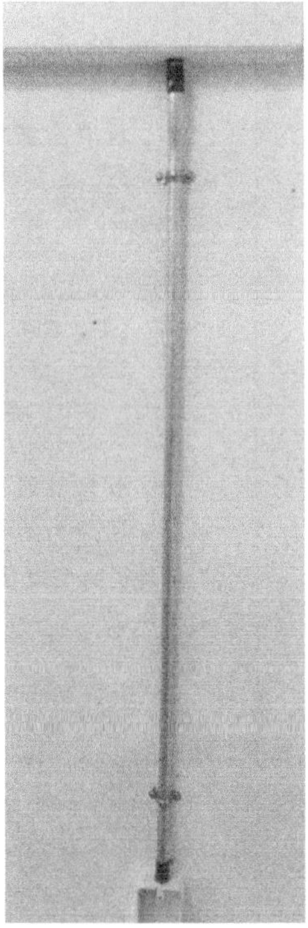
	E-43	线管应完全压入管卡内	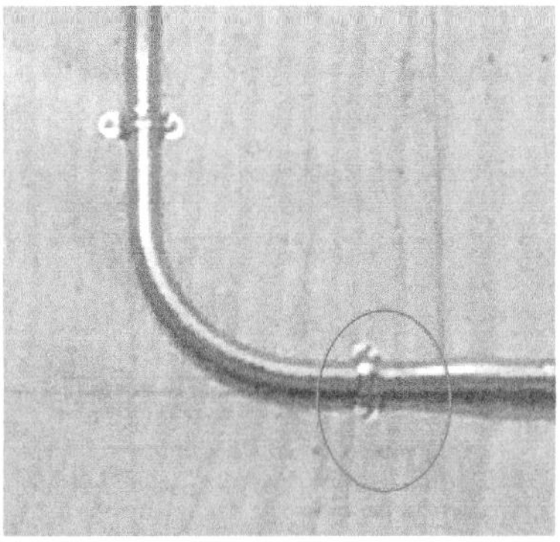	—
	E-44	转弯处两端管卡应对称		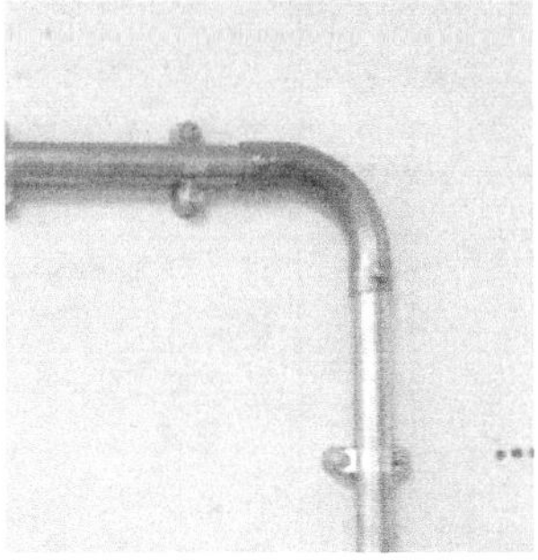

（续）

施工对象	编码	基本要求	正确方式	错误方式
金属线管加工与安装部分	E-45	线管弯曲处光滑，无皱纹、变形		
	E-46	线管的弯曲半径应为线管外径的4~6倍		—
	E-47	弯曲处角度偏差不大于±2°	—	—
	E-48	线管入槽（盒、箱）时如配连接件必须加接连接件		
	E-49	线管不进入槽（盒、箱）时，应加电缆接头		

（续）

施工对象	编码	基 本 要 求	正 确 方 式	错 误 方 式
金属线管 加工与 安装部分	E-50	根据施工图， 线管入盒时， 必须对准盒的 中心		
	E-51	金属线管表 面无施工痕迹 残留		
	E-52	金属线管两 端必须光滑无 毛刺		

（续）

施工对象	编码	基本要求	正确方式	错误方式
电缆桥架加工与安装部分	E-53	按图施工，电缆桥架的中心或边缘到参考线的尺寸误差在±2mm以内	—	—
	E-54	电缆桥架安装时要求水平、竖直		
	E-55	电缆桥架直线段两端必须安装支架		
	E-56	电缆桥架表面无施工痕迹残留		
	E-57	电缆桥架剪切处必须光滑无毛刺		
	E-58	电缆桥架上采用电缆布线		

（续）

施工对象	编码	基本要求	正确方式	错误方式
电缆桥架加工与安装部分	E-59	电缆桥架上布线必须进行绑扎，间距均匀，间距100mm适宜		
	E-60	金属脚架必须进行接地处理		
电缆布线	E-61	按图施工，电缆进入盒箱处的中心到参考线的尺寸误差在±2mm以内		
	E-62	终端点和弯曲处之间，至少安装一个管卡		

（续）

施工对象	编码	基 本 要 求	正 确 方 式	错 误 方 式
电缆布线	E-63	弯曲处和弯曲处之间，至少安装一个管卡		
	E-64	终端点和终端点之间，至少安装一个管卡		
	E-65	至少每300mm使用一个管卡		

施工对象	编码	基 本 要 求	正 确 方 式	错 误 方 式
电缆布线	E-66	电缆进入盒箱必须安装电缆接头		
	E-67	连接电缆的接头必须紧固无松动		
	E-68	电缆进入箱盒接线时留适当裕量，150mm适宜		
	E-69	不要剪短无用的电缆线并将其固定在电缆上		

（续）

施工对象	编码	基本要求	正确方式	错误方式
电缆布线	E-70	电缆的弯曲半径应为线管外径的 5~8 倍		
	E-71	电缆绝缘部分应在电缆接头内		
箱盒安装	E-72	按图施工，箱盒的中心或边缘到参考线的尺寸误差在 ±2mm 以内		
	E-73	箱盒安装时要求水平、竖直		

（续）

施工对象	编码	基本要求	正确方式	错误方式
箱盒安装	E-74	箱盒必须安装牢固	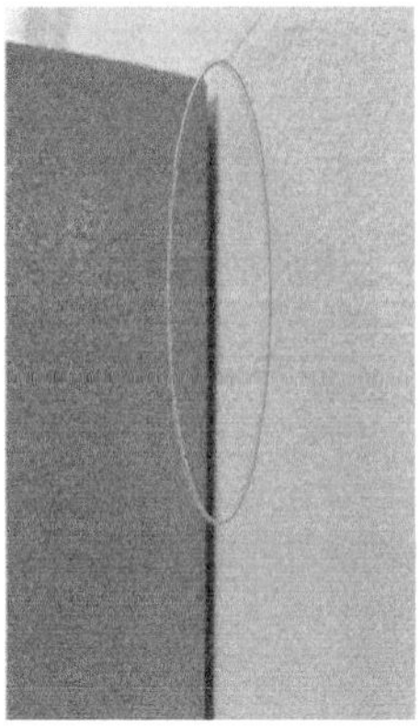	
其他	E-75	材料无损坏	—	—
	E-76	根据器件厂商说明组装和安装材料与线路，不能漏装配件	—	—
	E-77	不要求额外材料	—	—
	E-78	施工结束后，不残留施工痕迹，装置表面干净整洁		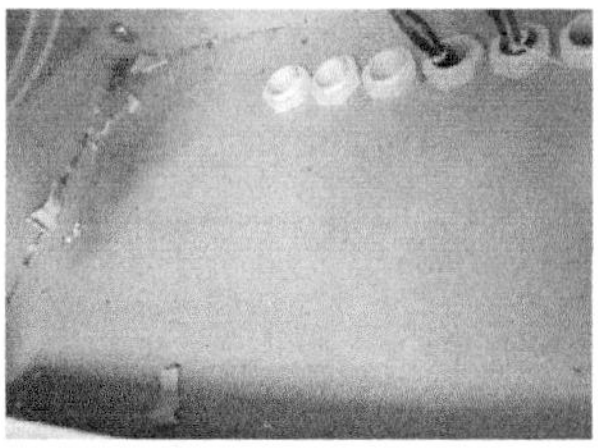

表 D-5　布线与终端

施工对象	编码	基本要求	正确方式	错误方式
配电箱布线	F-10	根据图样要求选择元器件	—	—
	F-11	箱内布线应规范，不凌乱	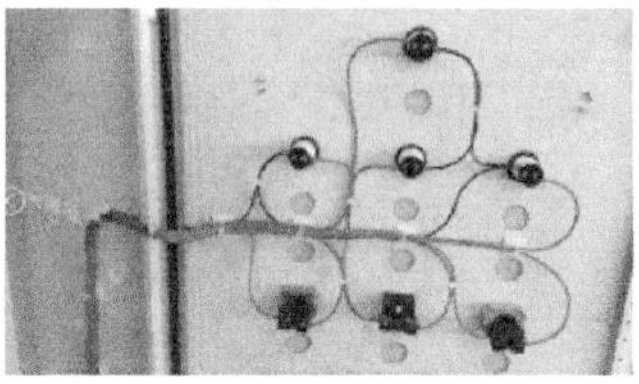	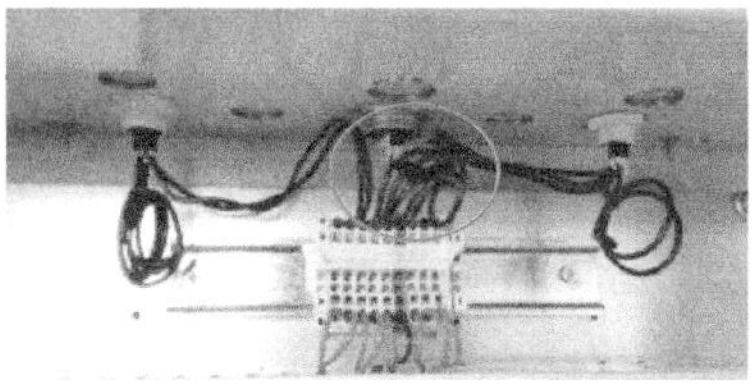

（续）

施工对象	编码	基本要求	正 确 方 式	错 误 方 式
配电箱布线	F-12	绑扎带切割不能留余太长，必须小于 1mm 且不割手		
	F-13	配电箱内部与柜门连接处，需留开关门裕量		
	F-14	配电箱外部线路需经过接线端子接入配电箱		
	F-15	接线端引出线排列整齐		

（续）

施工对象	编码	基本要求	正确方式	错误方式
配电箱布线	F-16	布线工艺整洁大方，绑扎美观，导线之间不缠绕		
	F-17	导线弯曲半径均匀		
	F-18	接地双色线外侧颜色一致		
终端接线	F-19	不允许损伤导线绝缘，铜导线上无刻痕或切割损伤		

（续）

施工对象	编码	基本要求	正确方式	错误方式
终端接线	F-20	连接处不能露铜（90°方向观察）		
	F-21	连接处不允许压绝缘		
	F-22	同一接线端子接线不能超过两根		
	F-23	接线端压接不能松动		